湛庐CHEERS

与最聪明的人共同进化

HERE COMES EVERYBODY

CHEERS
湛庐

我的爱因斯坦

My Einstein

[美]约翰·布罗克曼 编著 高 妍 译
John Brockman

浙江教育出版社·杭州

你对爱因斯坦的思考方式了解多少？

扫码加入书架
领取阅读激励

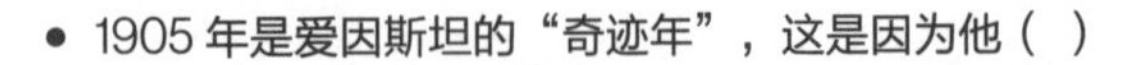

- 1905 年是爱因斯坦的“奇迹年”，这是因为他（ ）
  A. 创立了广义相对论
  B. 当选为普鲁士科学院院士
  C. 发表了 5 篇重要文章
  D. 完成了《关于辐射的量子理论》

扫码获取全部测试题及答案，
一起了解科学家眼中的
爱因斯坦

- 爱因斯坦最常用的研究方法是（ ）
  A. 思想实验
  B. 实验室实验
  C. 数学计算
  D. 观测和比较

- 爱因斯坦有一种超乎寻常的思维方式，这体现为他可以（ ）
  A. 破译异常复杂的公式
  B. 解决困难的数学难题
  C. 记住大量的实验信息
  D. 从对自然进行最简单的观察开始思考

扫描左侧二维码查看本书更多测试题

致西德尼·科尔曼，一位真正的探索者

找到你自己的爱因斯坦

方在庆
中国科学院自然科学史研究所研究员

爱因斯坦（1879—1955）深刻地影响了我们对世界的理解，其痕迹之深，令人感叹。一个多世纪后的今天，其影响没有丝毫减退的迹象，相反，却日益激励和启发着我们。

1905 年，年仅 26 岁的爱因斯坦，远离学术中心，在瑞士联邦专利局任三级职员的他在德国著名的科学期刊《物理学纪事》（*Annalen der Physik*）上发表了四篇划时代的论文，解释了光电效应、布朗运动，提出了狭义相对论，得出了质能等价公式。这四篇论文奠定了现代物理学的基础，重新阐释了空间、时间、质量与能量之间的关系。这一年被后人称为爱因斯坦的“奇迹年”(*Annus mirabilis*)，正如 1666 年被称为牛顿的“奇迹年”一样。那一年，牛顿因躲避瘟疫回到老家，发明了微积分，完成了光分解的实验分析，还对万有引力定律进行了开创性的思考。

2005 年是爱因斯坦“奇迹年”100 周年，世界各地都展开了相应的纪念活动。美国著名文学经纪人，专门研究“科学文献”(science literature) 的作家约翰·布罗克曼（1941—　）当然不能错过这个纪念机会。布罗克曼在学界人脉很广，能动员众多知名的公众知识分子为其主编的作品撰稿。要诀之一是调动这些撰稿人的积极性，让其产生内在驱动力，将文章写得生动有趣。像以往的操作一样，这次他组织了 24 位杰出学者，既有受人尊敬的物理学家，也有著名的科普作家，每一位都以自己独特的视角阐述了爱因斯坦对科学、文化和人类想象力的深远影响。布罗克曼的想法其实很单纯，即通过这些学者不同的视角，让读者了解爱因斯坦的多个层面，在更普遍的意义上思考他对人类的贡献。

《我的爱因斯坦》就是在这样的情形下问世了。原定 2005 年问世，但实际晚了一年，初版于 2006 年面世，并很快在学界内外获得好评。它有一个很长的副标题——*Essays by Twenty-Four of the World's Leading Thinkers on the Man, His Work, and His Legacy*（24 位世界顶级思想家论爱因斯坦及其工作与遗产的文集）。其目的是向爱因斯坦这位改变了历史进程，并不断激励全球一代又一代科学家、思想家和梦想家的伟人致敬。布罗克曼让每个撰稿人都铆足了劲，将最佳的叙事呈现出来。

布罗克曼是波兰犹太裔移民后代，出生在美国马萨诸塞州波士顿近郊多切斯特（Dorchester）一个贫穷的爱尔兰天主教徒聚居区。成长过程中没有少受当时弥漫在社区内的反犹太主义歧视，甚至受过不少皮肉之苦。上学路上，犹太裔孩子与爱尔兰裔孩子之间的打斗成为家常便饭。尽管他们试图通过说理来让对方理解，但往往不奏效。每当他们一瘸一拐地回到家中时，家长却鼓励他们以积极的态度对抗偏见，“我们犹太人有自己的爱因斯坦！他们有什么啊，他们什么都没有！”这种对爱因斯坦的崇敬之情从小就在他心中埋下种子，让他一生都以“我们的爱因斯坦”为傲。布罗克曼以“奇迹年”100 周年纪念活动为契机编辑出版《我的爱因斯坦》，旨在深入研究爱因斯坦的思想和遗产，感受科学探索的变革力量，以及好奇心和想象力在塑造我们对宇宙的理解方面的持久意义。

布罗克曼 22 岁获得哥伦比亚大学 MBA 学位，起先是一名投资银行家，20 世纪 60 年代成为一名多媒体艺术家。他与乔纳斯·梅卡斯（Jonas Mekas）一起组织了“延展电影节”（Expanded Cinema Festival）。1974 年，他创立了自己的公司——布罗克曼公司（Brockman，Inc.），专门作为文学代理人，营销和推广所有学科的杰出科学家。他希望以通俗且大众普遍理解的方式来展示这些科学家的成就及其独特的思维方式，并引领知识上的新潮。

布罗克曼特立独行，眼光超前，既具有组织天赋，又擅长营销推广。他看到了科学和科学方法的成功和优势，想将它们带入全新的领域，比如，道德、心理学、决策，以及日常生活的方方面面。布罗克曼是一位出色的传播者，他将高深莫测的知识分子的观点包装成通俗易懂的形式，让大众一目了然。他的作者大多是出了圈的科学家或文化名人，包括英国演化生物学家、动物行为学家、科学传播者理查德·道金斯（Richard Dawkins）[①]、加拿大－美国实验心理学家、认知科学家和科普作家史蒂芬·平克（Steven Pinker）[②] 以及美国古生物学家、进化生物学家、科学史学家斯蒂芬·杰伊·古尔德（Stephen Jay Gould）等人。这些人的著作在中文世界也产生了深远和广泛的影响。

布罗克曼在 C. P. 斯诺（C. P. Snow）“两种文化”（The Two Cultures）的基础上，引入了“第三种文化”（The Third

① 英国著名演化生物学家、动物行为学家和科普作家，英国皇家科学院院士，牛津大学教授，是当今仍在世的最著名、最直言不讳的无神论者和演化论拥护者之一。他的代表性作品《科学的价值》《基因之河》已由湛庐引进，分别由天津科学技术出版社、浙江人民出版社出版。——编者注

② 其代表性作品《语言本能》《心智探奇》《思想本质》《白板》《当下的启蒙》《理性》已由湛庐引进，分别由浙江科学技术出版社、浙江教育出版社出版。

Culture）的概念。他以“第三种文化”的口号而闻名，并在同名书[①]中传播了这一口号。“经验世界中的那些科学家和思想家，通过他们的工作和著作构筑起了第三种文化。该文化在呈现我们生活更深层意义以及重新定义‘我们是谁、我们是什么’方面，正在取代传统的知识分子。”

布罗克曼成立了“Edge 基金会”（Edge Foundation），聚集了大批科技领域的前沿思想家，对研究和技术的关键问题发表评论。最近 20 多年间，他领导了一个“科学沙龙”（scientific salon），每年向众多知名科学家提出一个问题，并将他们的回答编撰成书。[②]他有一句名言：“纵观历史，只有一小部分人为大家进行了认真的思考。（Throughout history, only a small number of people have done the serious thinking for everybody.）”

布罗克曼是多部畅销书的作者和编辑，包括前面提到的《第三种文化》（1995）、《过去 2000 年最伟大的发明》（*The*

① 此书中译本曾先后在海南出版社（2003）和中信出版社（2012）出版。

② 湛庐文化曾将布罗克曼的这些著作以“对话最伟大的头脑”系列出版，其中就包括了他在 2019 年，为了让公众了解人工智能的潜在影响，编辑出版的《AI 的 25 种可能》（*Possible Minds: Twenty-Five Ways of Looking at AI*）。这套书每本都涉及多个学科的科学家，他们的思考汇聚在一起，可以形成一些跨学科、跨界的融合与碰撞。有人认为，这套书中的每一本都是一个思想的热核反应堆，读进去确实很有味道。迄今为止，湛庐文化已经翻译出版了由布罗克曼编辑的近 20 本书。

Greatest inventions of the Past 2000 Years，2000 年）、《未来 50 年》（*The Next Fifty Years*）[①] 和《新人文主义》（The New Humanists，2003 年）等。

布罗克曼在美国的公众知识分子当中非常有影响力。他是美国文化和科学先锋的幕后操纵者和文化掮客，周游于百万富翁、高级知识分子和政府决策者之间，利用自己独特的优势，专门推进顶尖级的科学普及。他是唯一在《科学时报》（*Science Times*，1997 年）和《艺术与休闲》（*Arts & Leisure*，1966 年）的头版被介绍的人，这两份报纸都是《纽约时报》（*The New York Times*）的副刊。[②]

《我的爱因斯坦》内容丰富，视角各异。本书以科学记者、英国科学作家协会名誉主席、英国《每日电讯报》科学主编罗杰·海菲尔德（Roger Highfield）对爱因斯坦神话的探索作为开篇。尽管人们津津乐道的是作为一个圣人的爱因斯坦的形象，但最激动人心的是爱因斯坦在年轻时绽放的惊人的创造力。年轻时，爱因斯坦充满反叛精神，从不把权威放在眼里，“厚颜无耻

① 《未来 50 年》是 2002 年出版的一部短文集，由 25 位知名科学家撰写。原书副标题为《21 世纪上半叶的科学》（*Science in the First Half of the Twenty-First Century*）。湖南科学技术出版社出版了其简体中文版，并将之归入《第一推动丛书》。

② 他因为杰弗里·爱泼斯坦（Jeffrey Epstein）的丑闻而决定在 2018 年象征性地关闭他领导的长达 20 年的“科学沙龙”。

万岁！它是我在这个世界上的守护天使”。这与他晚年的圣人形象大相径庭。海菲尔德与人合写过一本题为《爱因斯坦的私生活》[①]的传记，对爱因斯坦的私生活当然不陌生，但能在一篇短文中将爱因斯坦年轻时的创造力、年老时的固执与他的生活、成长经历之间的关系生动地叙述出来，无疑是非常了不起的。他没有简单地褒或贬，而是叙述一些事实后，同时又给出相关的评论。比如，谈到爱因斯坦晚年的统一场论时，他引用 2004 年诺贝尔奖得主弗兰克·威尔切克（Frank Wilczek）等人的话说，“他最后的科学使命从根本上说是错误的，爱因斯坦忽视了新出现的证据，即引力和电磁力并非自然界唯一的基本力量”。这篇引人入胜的文章为深入探讨爱因斯坦生活和工作的方方面面奠定了基础。从这里开始，读者将阅读到一系列主题丰富、涵盖广泛的文章。

爱因斯坦的科学贡献：爱因斯坦对相对论和量子理论的贡献是本书的核心主题。撰稿人探讨了这些理论的发展，讨论了爱因斯坦对光电效应的见解、相对论的提出，以及他与其他物理学家就量子力学解释展开的争论。这些讨论突出了爱因斯坦思想的革命性及其思想对现代物理学进程的深远影响。吉诺·塞格雷（Gino C. Segrè）、李·斯莫林（Lee Smolin）和安东·蔡林格（Anton Zeilinger）讨论了爱因斯坦在量子理

---

① Roger Highfield, Paul Carter, *The Private Lives of Albert Einstein*. London: Faber and Faber (1993).

论方面的困难，利昂·莱德曼（Leon M. Lederman）专门讨论了狭义相对论。

个人思考与邂逅：约翰·阿奇博尔德·惠勒（John Archibald Wheeler）介绍了他与爱因斯坦的个人邂逅。“他不停地思考和担心他所帮助建立的量子世界。”著名物理学家弗里曼·戴森（Freeman Dyson）之子乔治·戴森（George Dyson）叙述了自己在普林斯顿的成长经历以及与爱因斯坦的私人秘书海伦·杜卡斯（Helen Dukas）之间的友谊。通过戴森转述的杜卡斯的视野，让我们了解了爱因斯坦多姿多彩的另一面，让我们一窥爱因斯坦的个性、智慧和科学世界观，对爱因斯坦的思想产生和发展的社会和知识背景有了更生动的了解。

爱因斯坦的文化影响：爱因斯坦的遗产超越了科学领域，涵盖了更广泛的文化和社会影响，渗透到现代社会的各个方面，影响了我们的集体想象力，塑造了我们对宇宙的理解。

李·斯莫林、杰里米·伯恩斯坦（Jeremy Bernstein）、乔治·约翰逊（George Johnson）和彼得·加里森（Peter Galison）的文章尤其有趣。作为科学史家，加里森对库恩提出的“范式”理论提出了补充，他看重的是实验、仪器和理论之间的复杂关系。他“感兴趣的不是身为名人的爱因斯坦，而是年轻时的爱因斯坦、在父亲和叔叔的电器公司长大的爱因斯坦、大学时代在地下室做实验的爱因斯坦、逃离赫尔曼·闵可夫斯基

(Hermann Minkowski) 等伟人精彩的数学讲座的爱因斯坦”。

此外，不少作者还对爱因斯坦在科学界内外的偶像地位进行了反思。他们探讨了爱因斯坦的开创性理论和智力成就是如何将他提升为文化和科学偶像，塑造公众对科学的认知并激励后代物理学家的。

爱因斯坦的理论具有深刻的哲学含义，撰稿人探讨了他的工作的哲学基础，与空间、时间和实在的本质有关的问题，以及相对论对我们理解宇宙的影响。

批评与争议：弗兰克 · J. 蒂普勒（Frank J. Tipler）提出了一个挑衅性的观点，认为爱因斯坦应被视为科学激进分子而非科学革命家——这一观点引发了争论，并增加了讨论的深度。

爱因斯坦的“宇宙学常数”(他自己认为是一生中所犯下的“最大错误”）被反复提及，还有他最喜欢的一句话：“上帝不会掷骰子”，以及他对量子力学持续 30 多年的批评和他对统一场论的“可疑”探索，等等。

尽管这本书是为广大读者写的，但科学爱好者也能从中受益。它不是一本真正意义上的传记，但它几乎涉及每一个重大的科学工作和生活事件。读完这 24 位作者精彩纷呈的叙述，想必读者心目中会有一个属于自己的丰满的爱因斯坦形象。

这是一本非常值得推荐的书，对于那些不仅想了解爱因斯坦其人其事，而且还想了解他的遗产是如何影响我们日常生活的人来说，这是一本难得的好书。

见证爱因斯坦对科学真理与人类理想的追求

陈学雷
中国科学院国家天文台宇宙暗物质
与暗能量研究团组研究员

我最初听说爱因斯坦是在小学五年级的时候，当然，相对论这样神奇难懂的理论令作为小学生的我非常好奇，我也听到了一些关于他是“漫不经心的教授”之类的逸事。但爱因斯坦真正影响到我是在高中时，那时我偶然得到了一套旧书，是许良英先生翻译的《爱因斯坦文集》。虽然由于缺乏相关的背景知识，里面的很多文章（无论是关于物理学的还是关于物理学之外的）我都并不能完全看懂，但我能感受到，这些文字不同于我之前读过的任何其他文字。爱因斯坦的文字真诚、平等、宽容、大度，不故弄玄虚，不居高临下，充满了智慧和哲理；没有空洞的说教，无处不散发出一种崇高的精神光芒。我被爱因斯坦深深吸引，这使我最终选择物理学作为自己的专业。

《我的爱因斯坦》汇集了24位著名学者的文章，其中有些人我也认识或者接触过，他们对爱因斯坦的感受各有不同，但都非常有趣。一个例子，我曾与李·斯莫林有过一面之缘，就是在去往普林斯顿的火车上。那时我是个博士后，去普林斯顿大学访问。我在车上打电话询问下车后如何前往高等研究院，刚好坐在我后面的斯莫林听到了，就主动跟我说他可以带我去。当时还很孤陋寡闻的我并不知道他是谁，但我和他聊得非常开心，觉得有很多共鸣。那次到了普林斯顿大学后，我也试着寻找爱因斯坦的遗迹。当我在本书中读到斯莫林年轻时在普林斯顿大学询问认识爱因斯坦的老人们却一无所得甚至有点被冷待时，不由得会心一笑。恐怕很少有人来到这爱因斯坦曾生活的地方而不会如当年的斯莫林或者当年的我一样充满好奇，想要寻找一下爱因斯坦的遗迹，或者听认识他的人讲述他的故事。但终归爱因斯坦的精神不能被物化为一些所谓的“圣迹”，他对科学真理和人类理想的追求，影响了一代又一代的人，本书就是一个见证。

爱因斯坦是全世界人们心中的偶像，代表了科学家在公众心目中的形象—— 一个在科学上做出了巨大贡献，但又离群索居、不修边幅、行为怪诞的人。

爱因斯坦也是科学家心目中的科学家，与他同时代及其之后的科学家们，仰慕他、追随他，在爱因斯坦宇宙观、时空观、世界观的引导下，探索物理世界，不断构建、推翻、再构建，筑就了一座庞大的科学宫殿。

“火星叔叔”郑永春

中国科学院国家天文台研究员

义务教育科学课程标准修订组成员

以我这辈份，写两句关于爱因斯坦的任何东西都受宠若惊。爱因斯坦是犹如苏格拉底式的存在—— 苏格拉底开启了人类的理性认知，爱因斯坦成为理性认知最辉煌的高峰和集大成者，甚至是最后的斗士。苏格拉底为了自己的理性信仰从容饮毒就死，爱因斯坦坚持自己的完美理性而被年轻一代当作老顽固孤立起来。一定意义上，他们都是自己理想的殉道者。《我的爱因斯坦》这本书收集了二十余篇对爱因斯坦的评论和回忆，作者中不乏我所认识的同行前辈。爱因斯坦是那个激发了青少年的好奇心，让我们这些人走上物理学研究道路的引路人。回想起 14 岁时关于相对论的那本小册子，即使我后来在谢菲尔德大学由物理转工程、在清华美院和南方科技大学商学院教书任职，但作为一个北大物理人，始终是我这辈子最为自豪的事情。

马兆远
南方科技大学教授，英国物理学会会士
《智造中国》作者

24 个人眼中有 24 个爱因斯坦

约翰 · 布罗克曼

读这本书的大部分读者应该对阿尔伯特·爱因斯坦非常了解。我们在 2005 年庆祝了他的百年纪念日，这 100 年并非从他出生那年算起，而是以他的“奇迹年”1905 年为起点。那一年他发表了 5 篇论文，永远地改变了人们对现实的认知。

我们先回顾一下爱因斯坦的生平：1879 年 3 月 14 日出生于德国的符腾堡州乌尔姆市，1955 年 4 月 18 日于美国新泽西州普林斯顿去世。他在 1905 年发表的 5 篇论文中，1 篇是他在苏黎世大学的博士论文，主题是关于分子尺度的测定，另外 4 篇著名的论文按照提交给《物理学纪事》的顺序在此列出，分别是：

- 关于光的量子概念和光电效应：《关于光的产生与转化的一个启发性观点》，这篇论文及相关研究让他在 1921 年获得了诺贝尔物理学奖。
- 关于布朗运动：《热的运动论所要求的静止液体中悬浮微粒的运动》。
- 关于狭义相对论：《论动体的电动力学》《物体的惯性取决于它所含的能量吗》。在后面这篇论文中，他提出了著名的质能方程：$E=mc^2$。

在发表这几篇伟大的论文之后的几年里，爱因斯坦将主要精力用在将引力纳入相对论中，并在 1916 年发表了论文《广义相对论的基础》。在这篇论文和 1917 年发表的论文《基于广义相对论的宇宙学思考》中，他在某种意义上将整个宇宙都纳入思考范围。1917 年的这篇论文里，他引入了宇宙常数，虽然之后被他视为“最大的错误”，但当下又得到了一些宇宙学家的支持，他们用这一常数解释最近发现的宇宙加速膨胀的现象。

毫无疑问，爱因斯坦是 20 世纪最重要的人物。他取得了标志性的地位，这种声誉甚至超越了他的科学天赋应获得的赞誉，有些人说这是一种不幸。我们都自以为了解他，对他的看法也各不相同。

因此，我邀请了 24 位世界著名人物回答以下问题：**对于你来说，爱因斯坦是怎样一个人？他让你的世界观、想法和科学观**

发生了怎样的变化？爱因斯坦如何影响了你？你眼中的爱因斯坦是怎样的？

书中 24 篇文章的作者是世界领先的理论和实验物理学家、科学历史学家，以及科学作家。不过，这并不只是一本关于物理学的书，而且是一本个人叙事集，为读者提供了一扇独特的窗户，让大家来看看这些思想家如何评价爱因斯坦的科学与哲学贡献，以及爱因斯坦对他们的生活与工作产生的特殊影响。这 24 位著名人物是：

- 罗杰·海菲尔德（Roger Highfield），他娓娓道出了一些关于爱因斯坦的迷思。
- 约翰·惠勒（John Wheeler），他是唯一一位真的认识爱因斯坦的人，虽然诺贝尔奖获得者利昂·莱德曼（Leon Lederman）曾短暂地见过爱因斯坦一回。惠勒陈述了他们在普林斯顿大学的一次会面，当时惠勒在普林斯顿大学物理学系，爱因斯坦在普林斯顿高等研究院。
- 吉诺·塞格雷（Gino Segrè）、李·斯莫林（Lee Smolin）和安东·蔡林格（Anton Zeilinger ）阐述了爱因斯坦在量子理论上的困境。
- 乔治·斯穆特（George Smoot）和彼得·伽里森（Peter Galison）阐述了爱因斯坦对纯粹思维与物理观察的结合。
- 利昂·莱德曼阐释了狭义相对论。

- 查尔斯·塞费（Charles Seife）介绍了爱因斯坦的思想实验。
- 弗兰克·蒂普勒（Frank Tipler）解释了为什么爱因斯坦应当被视作科学激进分子而非科学革命家。
- 乔治·戴森（George Dyson）陈述了自己在普林斯顿的成长经历，以及他与海伦·杜卡斯（Helen Dukas，曾长期担任爱因斯坦的私人秘书）之间的友情。
- 科里·鲍威尔（Corey Powell）陈述了爱因斯坦使用“上帝”这个词的哲学基础。
- 史蒂文·斯托加茨（Steven Strogatz）、乔治·约翰逊（George Johnson）和杰里米·伯恩斯坦（Jeremy Bernstein）谈论了早年爱因斯坦如何激励他们投身物理学。
- 伦纳德·萨斯坎德（Leonard Susskind）介绍了爱因斯坦的思考方式。
- 珍娜·莱文（Janna Levin）和玛丽亚·斯皮罗普鲁（Maria Spiropulu）陈述了当今学术界的物理学家如何看待爱因斯坦。
- 马塞洛·格莱泽（Marcelo Gleiser）介绍了爱因斯坦眼中有着神秘属性和奇异效应的新世界。
- 保罗·戴维斯（Paul Davis）、劳伦斯·克劳斯（Lawrence Krauss）和罗基·科尔布（Rocky Kolb）介绍了宇宙的加速膨胀和爱因斯坦提出的宇宙常数的复兴。
- 理查德·穆勒（Richard Muller）阐述了时间的神秘属性。

- 保罗·斯坦哈特（Paul Steinhardt）介绍了一种新的宇宙学概念——循环宇宙模型，并谈论了这个模型与爱因斯坦的宇宙观之间的关联。

至于我？我眼中的爱因斯坦是什么样的？

我记得自己得知爱因斯坦去世消息时的情景。那是在波士顿地铁站的一个报刊亭，我看到一个简短的标题提到了此事。那时我 14 岁，对这个消息无比震惊，真实地感受到了悲痛与丧失感。

当时我家搬到了相对宁静的郊外，但在我生命的头 10 年，我必须学会如何在波士顿的另一个更有挑战的地方生存。那里远离有着美丽帆船的查尔斯河，远离灯塔山上有着金光闪闪的穹顶的州议会大厦，远离宁静美丽的哈佛大学，以及有着大胆建筑风格的麻省理工学院。

20 世纪 40 年代，我成长于多切斯特。那是一个充满苦难同时又有着如蒲草般柔韧的邻居的街区。在第二次世界大战以前，臭名远扬的“电台牧师”查尔斯·库格林神父（Father Charles Coughlin）就在此处定期派送广播车，沿街散播反犹太人的言论。这种煽动使得多切斯特成了爱尔兰小孩和数量远少于他们的犹太小孩之间的战场。前往蓝丘大道威廉·恩迪科特学校（William E. Endicott School）必经的三个街区是我和哥哥每日的噩梦，年长我 3 岁的哥哥菲利普不得不在保护自己的同时再保护我。当意识到任何拥有权威的公民，比如教师、有轨电车售票员或者警察，似乎总是有着类似弗莱厄蒂（Flaherty）、欧赖利（O'Reilly）或麦科马克（McCormack）[①] 这样的名字后，我们的危机感和无助感变得更强烈了。

与爱尔兰小孩之间的争斗几乎总是更广泛的历史课的一部分。我们尝试过讲理，但没有任何一个理由可以打动这帮年轻的恶棍。不过，我们有一个秘密武器，最有力的那种，而他们永远无法占有，甚至无法理解。每当我们从“战场”上一瘸一拐地回到家里，妈妈会为我们处理流血的鼻子，包扎擦伤和割伤的伤口，还会鼓舞我们积极地对抗偏见。

“看看他们，他们到底有什么？他们星期日烤一根火腿，吃一整个星期！男人都不洗澡，女人把婴儿留在酒吧外的马车里！但看看我们所拥有的！”她的蓝眼睛直视着我们，同时带着肯定和骄傲，轻拍我们的伤口。“我们所拥有的，他们永远都不会有。我们拥有爱因斯坦！”

妈妈说得对。当我们穿梭于可怕的学校系统，探索公立图书馆能提供些什么时，爱因斯坦与我们同在。他激励我们去思考更宏大的想法，理智地探索存在的边界。他激励我们赞美和拥抱思维生活。他一直和我们同在。我们过去确实拥有爱因斯坦，而且

① 推测这些名字是爱尔兰人中的常见姓氏。——编者注

现在仍然拥有。

我哥哥最终成了一名物理学家，毕业后在美国国家航空航天局（NASA）工作，直到最近才退休。他现在是 NASA 的杰出副研究员，获得了杰出服务奖章。[①] 而我也很幸运地和一群优秀的宇宙学家、粒子物理学家和弦理论家一起工作，这些人也是我的朋友。从某种程度上来说，他们所有人都是爱因斯坦的继承者。你可以说我很幸运，但这可能与幸运并没有什么关系。你看，我拥有爱因斯坦，自己的爱因斯坦。

① 菲利普已于 2017 年去世。——编者注

目 录

01 MY EINSTEIN

Mentor and Sounding Board
第一次遇见爱因斯坦，我才 22 岁

理论物理学家，“黑洞”“虫洞”概念首创者 | **约翰 · 惠勒**（John Wheeler)

美国物理开拓时期的科学家，普林斯顿大学教授，从事原子核结构、粒子理论、广义相对论及宇宙学等研究，是广义相对论和量子引力研究领域领军人物，是“黑洞”“量子泡沫”“中子慢化剂”“虫洞”“比特”等概念的首创者，并创造性地提出了“单电子宇宙”的假设。斯蒂芬 · 霍金称他是“黑洞故事的英雄”。

代表作有《宇宙逍遥》(*At Home in the Universe*)、《约翰 · 惠勒自传》(*Geons, Black Holes and Quantum Foam: A Life in Physics*) 等。

他对物理学总是保有一种令人震惊的洞察力，而且没有什么理论物理学主题是他尚未深入思考过的。

—— 约翰 · 惠勒

1933 年秋天第一次遇见爱因斯坦时，我才 22 岁，是一名初出茅庐的博士生。爱因斯坦那时 54 岁，是世界上最知名的科学家。那时的我年少轻狂，坚定地认为我对理论物理学的前沿领域——核物理、电子、正电子和光子的量子理论（配对理论，我们那时是这么称呼的）有着清晰的认识。那时我想研究前沿领域，清楚地注意到爱因斯坦有条研究路线必定会走入死胡同。

我们相遇的场合是爱因斯坦在普林斯顿大学的第一场演讲，当时他也是刚刚到达这里，在普林斯顿高等研究院就职。由于害怕引起大规模围观，这场演讲并没有对外部公开。当时普林斯顿大学一位之后成了我好朋友的教授尤金 · 维格纳（Eugene Wigner）致电纽约大学的格雷戈里 · 布赖特（Gregory Breit），并邀请他来参加讲座。我那时是布赖特的博士后，他邀请我一起去。于是，我们坐火车来到了普林斯顿，由于火车遭遇了一位农民的卡车（还好没什么大事）而稍有延误。到了普林斯顿大学后，霍华德·罗伯逊（Howard Robertson）将我们介绍给了爱因斯坦（我印象中是这样），之后听取了爱因斯坦关于统一场论的讲座。演讲结束后，我们常规地交流和讨论了一会儿，之后便回到了纽约。

令我印象深刻的是爱因斯坦清晰的表述能力和他对梦想的固执追求，而对于他的梦想本身——引力和电磁力统一场论，并没有什么印象。爱因斯坦带着一种自嘲的幽默感表达对自己当前研究工作的怀疑。我那时被说服了，并一直认为如果物理世界真的存在统一场论，那么就一定不只有引力和电磁力，一定还包含量子实体，比如费米子。谁知道呢，可能弦理论才是正确的。

现在想来，那时的我虽然有些鲁莽，但并没有错。爱因斯坦的重要发现已经是过去式了，他试图统一引力和电磁力的努力不会有什么结果。然而，**他对物理学总是保有一种令人震惊的洞察力，而且没有什么理论物理学主题是他尚未深入思考过的，这些都是非常值得我学习的。**

北卡罗来纳大学的一次短期休假给了我第一次结识爱因斯坦的机会。在普林斯顿高等研究院学习的那几个月，也就是1936年12月到1937年3月，我开始感激爱因斯坦为我这位年轻的理论学家所提供的东西。我在这里第一次演讲时，仅仅是他的出现就让我备受鼓舞。那天我早早地到达演讲大厅时，爱因斯坦已经坐在那里了，他是第一位到达的观众。

1938 年进入普林斯顿大学之后，我开始定期地约访爱因斯坦。通常我们会在爱因斯坦位于美世街 112 号的家中的二楼书房见面，而非研究院。他总是很慈祥，带点儿固执，无忧无虑且乐于助人。虽然我们变得亲近且友好，但从未成为亲密的朋友。在年龄、声誉、文化背景和世界观方面，我们俩之间存在着无法弥合的差异。然而在余生里，爱因斯坦一直是我最重要的导师和决策咨询人。

1939 年 1 月，尼尔斯·玻尔（Niels Bohr）从丹麦起航，到普林斯顿待了几个月。他和爱因斯坦可以再次进行他们已经非常著名的关于量子理论的“辩论”（其实是友好的讨论）。然而就在玻尔刚要起航回国时，他收到了核裂变的信息，于是改变了这一行程。我想说的是，对自己在阻止这些讨论发生的事情中所扮演的角色，我感到很内疚。玻尔和爱因斯坦都喜欢既轻松惬意又能延续过去的主题的“辩论”。不过那年冬天和来年早春，玻尔选择和我一起专注地研究核裂变。即使玻尔的办公室就在爱因斯坦位于普林斯顿大学费恩大厅的办公室隔壁，他们俩也很少在一起。直到研究院位于城镇另一头的第一座大楼在 1939 年完工前，爱因斯坦和研究院其他同事都居住在大学校园里。

不久之后，一个偶然的机会让我加入了爱因斯坦的量子“辩论”。1941 年，我的一位天赋异禀的研究生理查德·费曼（Richard Feynman）想出了一个量子理论的路径积分方法（我将其改名为“历史求和法”），于是，我安排了一次跟爱因斯坦的会面，激动地冲进他的办公室跟他说这个方法，想知道他的回应。费曼的方法提供了一种基本原理，可以用来解释量子力学的概率特征问题，而这个问题一直困扰着爱因斯坦。如果一个粒子能一次沿着所有路径到达目的地（虚拟路径）——这也是历史求和法的本质，那么我们就不需要再考虑粒子如何“决定”该走哪条路的深奥问题。我解释了这个想法并说道：“关于这种解释量子力学的新方法，你不觉得这是完全可行的吗？”

爱因斯坦不为所动。“我仍然不相信上帝会掷骰子。”他回答道。正如爱因斯坦自己所形容的，他就像头骡子一样倔。没有什么能动摇他的坚定信念：量子力学在核心问题上存在缺陷。

第二次有机会向爱因斯坦咨询关于我跟费曼的研究课题，是在 20 世纪 40 年代后期，也就是在我从第二次世界大战的武器研究工作回来之后。当时费曼正在普林斯顿大学访问，和我一起去了美世街。这次的谈论主题是经典物理学，爱因斯坦对量子力学的敏感反应没有影响到这次讨论。我和费曼决定将电磁理论中的“场”去掉，结果我们欣喜地发现，整个理论确实可以用“超距作用”理论来解释，而无须用到场，只要我们接受了“超前”作用的事实，也就是结果先于原因发生。我们的研究还得出了一个有趣结论，在一个粒子非常少的世界，时间可以随意前进或倒流，使得未来影响过去成为常态；然而相反的是，我们的世界充满了无数粒子，远距离上的所有辐射吸收者的联合作用抑制了时间倒流的效应，这才产生了我们所观测到的只朝一个方向流逝的时间。

和爱因斯坦讨论这个是很自然的一件事。他点头表示同意和理解。他相信，电磁学的基本定律不包含时间向前流逝或是向后倒流的偏向。他说，观测到的时间单向流动源于统计，这是因为宇宙中有大量粒子的相互作用。这就是爱因斯坦惊人直觉的最佳体现。我和费曼历经了漫长的计算才有所发现，而爱因斯坦仅凭猜想就得出了结果。幸好早先与爱因斯坦有过一次对话，我早在 1909 年就知道了爱因斯坦当年和瑞士物理学家沃尔特·里茨（Walter Ritz）联合发表了一篇论文。这是一篇非比寻常的论文，原因有两方面：第一，它提出了观点，而非展示成果；第二，两位作者并未达成一致。在这篇论文中，里茨认为自然的不可逆状态（时间的单向流动）是自然本身的基础法则；而爱因斯坦的观点则相反，“不可逆状态完全依赖于概率考量”。我和费曼 40 年后所做的研究验证了爱因斯坦的观点。

尽管我对爱因斯坦的敬意日益增长，也越发依赖他的智慧，但我仍然质疑他在统一场论上的研究的价值。我也注意到，不少有前途的年轻理论学家在这一研究领域投身于爱因斯坦门下（我称他们为“一条腿”的物理学家）。对于他们来说，广义相对论意味着不用再耗费心思处理理论和实验两方面的问题，只用改动上下标。因此，我自己并不愿陷入关于引力物理学的严肃研究中。对于我来说，做研究就意味着要指引学生，而我不想把学生引到外面的世界。他们还没有受过不同的理论物理分支的广泛训练，还不能敏锐地感知所做研究的实验意义。简而言之，他们还没有学会用两条腿走路（理论和实验是科学的两条腿）。

20 世纪 50 年代早期，我的态度发生了改变。当时粒子物理学兴起的研究方向是复杂的 π 粒子和无数其他粒子。我开始感觉到，广义相对论这座矿山里可能还有更多金子尚未被开采。为了学习，我不得不去教学，因此在 1952 年 5 月，当普林斯顿大学物理系主任艾伦·申斯通（Allen Shenstone）批准了我的请求，允许我在即将到来的学年里教授一年的相对论课程时，我很高兴。这也是这一课程首次开设这么长时间。我决定将爱因斯坦的相对论理论推导至极限，看看还会有什么新发现。

我没有立刻和爱因斯坦讨论我的教学计划，但在课程开始后，我想让学生亲眼见见相对论的提出者。在第一学年的春季——准确来讲是 1953 年 5 月 16 日，爱因斯坦邀请全班同学到他在美世街的家中饮茶。在前一天，我给学生安排了一些任务，其中就有列出“三个你最想问爱因斯坦的问题，每一个问题都用一段话详细说明”。然而当天见到爱因斯坦时，有些学生过于紧张，舌头打结，无法提出任何问题，我不得不替他们表述。他的继女玛戈·爱因斯坦（Margot Einstein）和秘书海伦·杜卡斯（Helen Dukas）为我们提供了茶点。爱因斯坦是一个亲切的主人，非常放松，但这些学生并不放松。

我想跟爱因斯坦讨论的是马赫原理（Mach’s principle），即惯性来自整个宇宙的分布质量。自从 20 世纪早期恩斯特·马赫（Ernst Mach）提出这个原理后，这个充满争端的原理经历了一段曲折的历史。有些人认为这是一种哲学愚论。我很看重这一原理，并在 1979 年写下这样的警句打趣那些不这么认为的人：“神秘与模糊是很多人对马赫的意义的衡量标准”。回到 1913 年，爱因斯坦也很认真地对待了这一原理，并写信给马赫：“因为它必然证明惯性起源于物体之间的相互影响，就如同你对牛顿桶实验[①]的思考。”

然而到了 1953 年，爱因斯坦对马赫原理不再上心了。当他说对马赫原理失去兴趣时，我和我的学生都感到很惊讶，因为我告诉过学生，他给马赫写过信。爱因斯坦解释说，之所以失去兴趣，可能是因为自然界里没有任何东西能证明这一原理。之后，我就再也没有机会与爱因斯坦探讨他为何改变想法了。

在那次茶会上，有一位同学提出了一个很大胆的问题：“爱因斯坦教授，在你过世之后，这幢房子会变成什么样子？”尽管他很谦虚，但也非常了解自己的名气。据我回忆，他答道：“这所房子永远都不会成为瞻仰圣人遗骨的朝圣之地。”它确实没有

① 牛顿指出，加速度似乎是绝对的，因为旋转的桶内的水在一段时间后呈现抛物状表面，这与桶保持静止，而周围物质围绕桶旋转，水面保持平整完全不同。——约翰·惠勒注

成为朝圣之地，因为他逝世后，普林斯顿大学的其他名人住进了这所房子。游客只能在外面看看。

爱因斯坦也非常清楚自己古怪行为的声誉。我的秘书杰姬·富斯基尼（Jackie Fuschini）在孩提时“见过爱因斯坦”。当时她的妈妈带她去纳苏街，可能是去参观尼尔的移民面包店（Nill's Colonial Bakery），这可能也是爱因斯坦最喜欢的面包店之一。在街上或者在面包店里，她们碰巧遇到了这位著名的教授（有人告诉杰姬，他是在世的“最聪明的人”）。他头发蓬乱，脚上穿着旧球鞋和不合适的袜子，或者压根没穿袜子。他对她们回以微笑并点头示意。有一次，他还邀请杰姬的小学全班同学到他家去，不是去喝茶，只是去参观和交流。所以，我并不是唯一一个带全班学生到他美世街的家中拜访的普林斯顿教师。

我的学生最后一次邂逅爱因斯坦是在1954年4月14日，也就是在我教授相对论课程的第二年的期末。当时爱因斯坦接受了学生们的邀请，参加他们组织的一场特殊研讨会。在会上，他谈到了自己早期思想的演变、一开始就被狭义相对论的局限性所困扰，以及对量子力学的持续不满。学生们对他这次充满回忆的演讲非常满意，尤其是爱因斯坦对他们所提的问题给出了深思熟虑的回答，他们感到非常高兴。这可能是爱因斯坦最后一次演讲。他在一年之后去世。

我第一篇关于相对论的论文主题是几何子（Geons），指的是电磁束，它们通过自身的引力束缚在一起（在这篇论文中，我也介绍了“量子泡沫”的概念）。1954 年夏天，我在瑞士完成论文草稿，一回到普林斯顿就给爱因斯坦送了一份。10 月的某一天，他回信了，信里提到，没有立刻回复来信让他感到良心不安，如果能口头告知理由，将会更容易理解。所以我电话与他约定拜访和讨论的时间。事实上，我们在电话里头讨论了几何子——可能是爱因斯坦建议的，而不必等到能见面的时刻。

对于“超压缩能量”的想法早已回旋在爱因斯坦脑海中一事，我一点儿都不感到惊讶。他之前驳回了这一想法，因为“不够自然”。他说自己的相对论方程与我正在探索的那种解法并不矛盾，不过他怀疑这种实体的稳定性。而我几年后的研究证明，爱因斯坦的怀疑是对的。不过，这并不足以作为放弃探索几何子的理由。除了光子几何子，可能还有中子几何子，甚至引力几何子。谁知道呢？一旦量子物理被搅入混合物中，可能还会有更小的几何体。我推测，即便只是转瞬即逝的实体，几何子也在宇宙演化过程中起着非常重要的作用。

虽然我关于几何子的论文是最古典的（非量子的），但里面有一些关于量子物理学的评论，这足以引起爱因斯坦的注意和评论。他又一次告诉我，就像他以前总是做的那样，他不喜欢量子理论的概率性。自他发现量子实体的原型——光子（我们现在这么叫它）起，已经过去了将近 50 年。他无法停止思考并担忧量子世界，这个世界是在他的帮助下展现在世人面前的。而此时正值晚年的我也在思考量子理论。最有趣的问题之一是：为什么是量子？量子理论中的有些东西比相对论更令人困惑，需要更深层的探索和解释。

那次关于几何子的谈话可能是我与爱因斯坦的最后一次谈话，那年他 75 岁。仅 6 个月后，他就去世了，那是 1955 年 4 月。如果那年的早些时候我能够和他坐在一起交换想法，那该有多么美好。当我和学生探索黑洞、虫洞和引力辐射时，当科学家从各个方向扩展他的想法时，当我和查利·米斯纳（Charlie Misner）、基普·索恩[①]（Kip Thorne）在 20 世纪 70 年代早期辛苦工作以汇编我们对相对论的理解时，能够和爱因斯坦聊聊，该是多么美好。以其深刻的洞察力，爱因斯坦可能不会对我们当前的研究内容感到多么惊讶，但我总愿意相信他会非常感兴趣，甚至有点激动。这是一件鼓舞人心的事情。我常常幻想与爱因斯坦坐在一起探讨黑洞——当前关于它们存在的证据越来越多。

① 著名理论物理学家，诺贝尔物理学奖得主，以在引力物理学和天体物理学等领域的贡献而闻名。其写给所有人的天文学通识读本《星际穿越》中文简体字版已由湛庐引进、浙江科学技术出版社出版。——编者注

02 MY EINSTEIN

My Einstein Suspenders
我那条有爱因斯坦头像的燕尾服背带

诺贝尔物理学奖得主，“宇宙胚胎学之父” | **乔治 · 斯穆特**
(George Smoot)

加州大学伯克利分校物理学教授，因与同事发现了“宇宙微波背景辐射的黑体形式和各向异性”而获得了 2006 年诺贝尔物理学奖。诺贝尔奖委员会的颁奖词中提到，宇宙背景探测“堪称宇宙学步入精确科学的一个起点”。除此之外，他还获得了爱因斯坦奖章、由美国国家航空航天局颁发的杰出科学成就奖、基尔比科学技术贡献奖和美国能源部欧内斯特·奥兰多·劳伦斯奖等诸多荣誉。

代表作有宇宙学畅销书《时间的褶皱》(*Wrinkles in Time*)。

爱因斯坦并不是以善于实操的物理学家（实验学家）而出名，而是以思想家和理论家的身份声名远扬。

—— 乔治 · 斯穆特

爱因斯坦是一位非常伟大的人物，以至于他很久以前就成了公众偶像。有一次，我需要一条燕尾服上的背带，逛街时发现背带上的图案只有几种：沉闷的几何图案、玛丽莲·梦露（Marilyn Monroe）画像，还有爱因斯坦的头像。考虑了半天，我选了最后一种。

多年前，我听到过一段广为流传的逸事，至今仍深有感触。在晚年，爱因斯坦在生日当天接受媒体采访已经成为一种惯例。**有一年，一位记者问他是否想象过不同的生活，能否从另一种职业中获得快乐。思索片刻后，爱因斯坦回答说："我想我会喜欢做一名水管工。"**这番言论被报道后，华盛顿特区的水管工和蒸汽装配工工会（AFL）投票授予爱因斯坦名誉会员资格，纽约当地的一名水管工还向他赠送了一套镀金的水管工工具。据说爱因斯坦非常高兴。一天，爱因斯坦的邻居，一位年轻的物理学家，因为厨房水槽漏水来借管钳。爱因斯坦答道："如果你让我提供帮助的话，当然可以。你不知道为了有机会使用这套工具，我等了多久！”作为一个爱亲自动手的人，我乐于想象爱因斯坦修水管的画面：水槽下面伸出他的镀金管钳和他的腿，脏水滴在他身上，而他试图在正确连接好管道的同时避免擦伤指关节。

爱因斯坦并不是以善于实操的物理学家（实验学家）而出名，而是以思想家和理论家的身份声名远扬。当我还是一名初出茅庐的物理学家时，我的科学英雄和榜样是恩里科·费米（Enrico Fermi），作为理论家和实验学家，他都非常出色。他具有惊人的心理素质，我从几个人那里听说过相关的故事。比如 1942 年的一天，他和团队在芝加哥大学建造了世界上第一个核反应堆，并且准备进行测试。就在它即将首次投入运行之前，他还平静地让团队成员去吃饭。午餐后，团队返回，成功地启动了第一次持续运行的核反应堆。作为“曼哈顿计划”的领导者之一，费米前往洛斯阿拉莫斯进行相关研究，但他不仅仅是一名工匠。20 世纪 20 年代，他和保罗·狄拉克（Paul Dirac）计算出了半积分自旋粒子的量子行为。而在这一时期，爱因斯坦发展了萨蒂延德拉·玻色（Satyendra Bose）的想法来理解积分自旋粒子的统计数据。因为费米在科学上的声望堪称绝对权威，因此被同事称为“教皇”[①]。

① 1870 年，天主教会在第一届梵蒂冈会议上将“教皇永远正确”列为正式的教条，此处用以比喻费米的绝对正确和权威性。——译者注

在职业生涯的早期，我的研究几乎受到了费米和爱因斯坦科学工作的同等影响。然而，有时我觉得相对于其他人的科学贡献，爱因斯坦得到了更多的关注和信任。媒体和公众更喜欢关注个体，尤其是富有想象力且平易近人的人。正如他喜欢当修水工所表明的，爱因斯坦有吸引人的人性化一面。也许在向媒体坦言的那天，他渴望有机会过上正常的独立生活，比如当一名水管工。虽然费米在实验和理论方面都很出色，但并不是标志性的公众人物。不过，对于当时的我来说，他是一个好榜样，我的许多同事也都这么认为。我们非常重视自己的科学传统，通过博士导师可以追溯到费米，再到伽利略。正是通过这种训练、技术和科学态度的传承，我们才觉得自己成了一名真正的研究科学家。**爱因斯坦的方法和他的人生履历似乎与这种科学传统并不一致。他更像局外人、孤独的天才，他那惊人的想法会从意想不到的方面迸发出来。**

后来，随着科学和事业的进步和变化，我发现自己的日常生活越来越受到爱因斯坦的影响，无论是在研究还是教学方面。费米的大部分理论研究都被纳入更大的物理学模型中，而爱因斯坦的相对论，无论是狭义相对论还是广义相对论，都像一块持续存在的背景布。几十年来，大多数物理学家都认为它们神圣不可侵犯。有些人被相对论的含义困扰，试图修改或颠覆这一理论，就被认为是误入歧途、偏离轨道。撇开几个早期的验证实验不谈，相对论的美感和内在对称性本身似乎就有力地表明了它们的正确性。归根结底，在物理学中，观察和实验是最终的仲裁者。在过去的十多年中，人们对广义相对论的态度发生了转变，并且越来越接受这样一种观点，即相对论最终将被更先进的理论取代，就像爱因斯坦的相对论取代了牛顿的经典物理学一样。

年轻时，你会选择学习之前的研究内容和理论，然后会想着超越这些成就。而随着年龄的增长，并且进行了一段时间的研究和教学后，你会对物理学前辈的思维过程和试错过程产生兴趣。你会发现，很少有想法或结果能像金星从海面升起一样，全面、清晰地映入脑海中。在涌现或顿悟发生之前，更常见的是不断的开始和停止、进入死胡同，以及平淡乏味且长期辛劳的工作。我经常在想一个问题：**是什么特殊的能力和环境使爱因斯坦在 1905 年这个奇迹年取得了突破性的成就？**与许多同事的做法一样，我在加州大学伯克利分校向物理系的学生教授狭义相对论时，会倾向于老旧的教学方法。首先，迈克尔逊 - 莫雷实验（Michelson-Morley experiment，克利夫兰发生过的最重要的事情）关于地球穿过所谓的发光以太（被认为是携带光波的介质）的运动的无效结果表明，光速是恒定的。其次，乔治·菲茨杰拉德（George FitzGerald）提出的假设解释了这个结论：长度在运动方向上收缩。之后，亨德里克·洛伦兹（Hendrik Lorenz）提出了将一个参照系中的空间和时间与另一个以一定速度运动的参照系联系起来的公式。最后，爱因斯坦通过狭义相对论提供了一个全新的视角。这形成了一个逻辑清楚的教学大纲，帮助学生理解和接受以实验为基础的狭义相对论。

这个完美描述的缺陷在于，爱因斯坦总是否认阿尔伯特·迈克尔逊（A. A. Michelson）和爱德华·莫雷（Edward Morley）的研究，他的想法来自对“骑着一束光会是什么感觉”的思考。我们似乎在误导学生得出正确的结论。这让我感到不安。后来，我读到了一份晦涩的报道，是关于爱因斯坦在日本的采访。他说在 1905 年之前，他就听说过迈克尔逊–莫雷实验的结果。为什么这句话被埋在关于他的其他广泛报道的评论之下，而大家都认为他是通过纯粹的思考得出狭义相对论的呢？实际上，爱因斯坦当然知道洛伦兹的研究，也曾暗示他知道迈克尔逊和莫雷的研究。

尽管爱因斯坦的许多其他成就都是对观察结果的解释，比如光电效应、原子和分子的大小、布朗运动，但实际上，爱因斯坦的相对论在很大程度上来自思想和美学两方面的考虑。在我看来，这种对思想的依赖似为初出茅庐的物理学家，尤其是有抱负的理论学家，树立了一个坏榜样，他们都想成为下一个爱因斯坦。当然，这也有可能是我的偏见，因为我的所有工作都基于实验和观察，我坚信科学的完整性和力量来自对自然的探索，而非神圣的洞察力。实验科学家应该遵循下面这些实验原则：

1. 发现一个前所未有的重要影响或新事物；
2. 推翻一个重要理论，证明需要新的科学方法；
3. 验证伟大的新理论；
4. 证伪竞争对手的实验结果，或者至少验证竞争对手的实验结果！

虽然很容易在其中看出这些原则对个人荣誉而言的优先级，但所有这些原则对科学的进步而言，是有价值且必不可少的。事实上，它们是使系统保持自我修正的唯一途径。基于思想的优美和纯洁性来判断科学的正确性，根本不是通往正确理论的康庄大道。爱因斯坦本人就犯过这种缺乏稳健性的错误：

1. 宇宙常数被爱因斯坦称为“我最大的错误”。他将这一常数引入广义相对论的方程中，以创造一个静态宇宙。当时，宇宙被认为是静止的，但在 10 年之后，埃德温·哈勃（Edwin Hubble）证明宇宙正在膨胀。宇宙常数的引入被认为是不必要的，尽管最近它被用来解释宇宙的加速膨胀。万变不离其宗，改变越多，越是一样。
2. 1926 年 12 月 4 日，在给马克斯·玻恩的一封信中，爱因斯坦发表了这个著名的声明：“虽然量子力学令人印象非常深刻，但内心的声音告诉我，它还不是真的。尽管该理论解释了很多现象，但并没有让我们更接近上帝的秘密。无论如何，我都相信上帝不会掷骰子。”然而，通过不断的实验研究，量子力学得到了验证。
3. 爱因斯坦还曾用一句话来概括上帝的作用，那就是“当解决方案很简单时，上帝会来回答”。在亚瑟·爱丁顿（Arthur Eddington）对日食进行观测研究后，这番评论证实了广义相对论（修正的）的预测，大意是如果没有得到证实，爱因斯坦会为上帝感到难过，因为“理论是正确的”。

作为一种思考方法，基于美学的论证虽然很有用，尤其是当无法通过观察来引导研究时很有用，但这仍然令我感到不安，这似乎是古希腊关于天体的推理的倒退。最近，我开始意识到爱因斯坦的狭义相对论不仅是基于纯粹的思考，还基于大量的物理观察和理论编纂，特别是电磁学和根据詹姆斯·麦克斯韦（James Maxwell）方程组建立的光的电磁理论。爱因斯坦当然知道洛伦兹的研究，但是是通过麦克斯韦，而非迈克尔逊－莫雷实验的结果。他将这些观点简化并使其成为现有物理学中的两个基本假设：第一，光速是恒定的，与光源或观察者的速度无关；第二，物理定律在每一个惯性坐标系中都是相同的。从这两个假设和思想实验出发，我们可以推导出狭义相对论的所有结果，包括洛伦兹变换、时间膨胀、长度收缩、同时性损失、$E=mc^2$ 等。以这种方式构建的狭义相对论是一种非常优美的理论，并且具有惊人的巨大含义。1907 年，数学家赫尔曼·明科夫斯基（Hermann Minkowski）对狭义相对论的重新解释，使计算变得简单直接，并揭示了我们生活在四维世界里。四维世界即三个空间维度和一个时间维度，通俗地称为时空连续体。这是理解广义相对论的起点。

2003 年春天，赫尔曼的侄子彼得·明科夫斯基（Peter Minkowski）告诉我：我将成为 2003 年爱因斯坦奖章的获得者，将于 6 月在伯尔尼由爱因斯坦学会颁发此奖。我感到非常荣幸。这是一项很特殊的荣誉，之前的获奖者都是杰出人士，包括斯蒂芬·霍金（Stephen Hawking）、埃德·维滕（Ed Witten）和约翰·惠勒。奖章在伯尔尼颁发就更好了，因为爱因斯坦于 1905 年发表著名的论文集时就住在伯尔尼。当时我正在教授关于相对论的高年级课程，而且比以往任何时期都更加投入，因此特别关注爱因斯坦的背景。有机会去逛逛伯尔尼，并思考一下爱因斯坦在富有成效和创造力的时期是如何过日常生活的，这让我感到很激动。

最令人兴奋的是对位于克拉姆大街 49 号的爱因斯坦故居的私人访问。1903 年至 1905 年，他都住在那里，就是在那期间撰写并发表了那 5 篇划时代的论文。他所住的公寓在市中心一条主街一家餐厅的楼上一层，这家餐厅一直延伸到人行道上。该公寓由爱因斯坦学会负责维护。虽然颁奖仪式、在伯尔尼大学的演讲和晚宴都很精彩，但令我印象最深刻的还是在爱因斯坦的故居看到他的家人和同事的照片，以及关于当时物理学界重大进展的资料——我被允许独自在公寓里参观，因此这一印象尤其深刻。当时他已经是一个有家室的人——妻子米列娃·马里奇和刚出生不久的孩子汉斯·阿尔伯特（出生于 1904 年 5 月）。对于一名艰难求生的年轻人来说，这个地方看起来很舒适，有漂亮的壁炉、硬木地板和许多建筑细节，即使他们不得不与相邻公寓的一家人共用浴室。客厅有两个带花箱的大窗户，可以看到下面的街道，还有高高的天花板、优雅的墙纸，为来此相聚的朋友和同事提供了宽大且舒适的空间。希望在大学获得职位的爱因斯坦曾在瑞士温特图尔技术高中担任临时的数学老师，以维持生计，后来又在沙夫豪森州的一所私立学校临时任教。1902 年，他获得了专利文员的工作。这份工作不仅使他们过上了稳定的生活，还允许租用公寓。爱因斯坦一定非常渴望从事物理研究，因为即使面临工作和家庭的干扰，以及完成博士论文的压力，他仍然设法与朋友定期会面讨论物理学问题，并抽出时间撰写论文。

我花了一些时间在这座自爱因斯坦时代以来几乎没有任何变化的城市里闲逛，从商店到咖啡馆，再步行到大学，一边享受着伯尔尼的风土人情，一边想象着爱因斯坦的生活。周围的环境对他的影响有多大？他从哪里、如何获得和发展自己的想法？是在专利局的安静时光，还是在与朋友交谈、在大学听课、在咖啡馆的餐巾纸上涂鸦时？生活节奏和长时间的思考是否使这成为可能？在那个周末，我从伯尔尼乘火车前往阿尔卑斯山，徒步穿越少女峰对面的劳特布伦嫩山谷，我猜想爱因斯坦也会这样做。我想知道大自然的美景和单调的步行能否使他的思维得到解放，以新的方式看待旧事物。结果发现，大部分时候我都分心了。然而，如果你对已知有效的东西做了充分准备，也许爱因斯坦是对的：**认真思考是获得新理解的途径。**

从 1905 年开始，爱因斯坦开始了一段无人能及的旅程——长达数十年的物理学前沿之旅。这是我们在一个世纪后所庆祝的用来纪念他的科学贡献[①]。我自豪地用着印有爱因斯坦画像的背带。

① 1905 年被称为爱因斯坦的“奇迹年”，100 年后的 2005 年被定为“国际物理年”。——译者注

03 MY EINSTEIN

Einstein, Moe, and Joe
爱因斯坦说我的研究是浪费精力！

诺贝尔物理学奖得主，粒子物理学家 | **利昂·莱德曼（Leon Lederman）**

美国费米国家加速器实验室荣誉退休主任，他主持设计了超导超级对撞机建造计划，长期从事教育工作，曾任美国科学促进会理事会主席。他在粒子物理实验领域取得了令人瞩目的成果，并因“中微子束方法及通过发现 μ 中微子验证轻子的二重态结构”而荣获 1988 年诺贝尔物理学奖。1993 年，时任美国总统克林顿授予他费米奖。

代表作有《对称与美丽的宇宙》（*Symmetry and the Beautiful Universe*）、《上帝粒子》（*The God Particle*）。

爱因斯坦问马丁:“你在研究什么呢?”
“量子理论。”马丁答道。
“啊，浪费时间!”

——利昂·莱德曼

即使是对最看重科学的非专业读者，我们也很难表达清楚一位科学家对另一位取得惊人成就的科学家的敬仰之情有多深。如果审视一下物理学家的正态分布，从刚获得博士学位到被誉为天才，那么我们对爱因斯坦所取得的成就的赞誉只会更多，直到将他推向可能不存在的“超级明星”的高度。现在或在未来几十年里，这位超级明星将会发现自己在广义相对论中犯下的“最大的错误”。

爱因斯坦可能是特别的。由于他在不同领域的著作如此广为人知，“传奇”一词可能不太适合形容他。在这里，我想讲一个故事，并发表一个关于爱因斯坦的声明。讲故事可是我经常在做的事情，毕竟我教授了30多年的物理学。

20世纪50年代，普林斯顿大学的一个数学家朋友问我想不想见爱因斯坦。那时，我还是哥伦比亚大学尼维斯实验室的研究生，正在研究最新的同步回旋加速器。这台设备是当时世界上最强大的粒子加速器，能够将质子加速到不可思议的 400MeV。如今费米实验室的同类设备能够达到 2TeV。于是，我和高中最好的朋友、麻省理工学院的理论物理学研究生马丁·克莱因（Martin Klein）一起来到普林斯顿大学，坐在一张长凳上等着这位大师，以及他的助手——安排这场巧遇的恩斯特·施特劳斯（Ernst Strauss）从此处经过。我这超过 50 年的记忆可能并不牢靠，无法作为任何“呈堂证供”，但这就是我所记得的。

果然，他们走过来了。我看到爱因斯坦着日常装束——长袖运动衫、宽松的裤子、凉鞋。他们停在我们面前，恩斯特问爱因斯坦是否介意见几名物理学研究生。他答道：“不介意，乐意之至。”

我们站起来，爱因斯坦问马丁：“你在研究什么呢？”

“量子理论。”马丁答道。

“啊，浪费时间！”

接着爱因斯坦转向我，我赶紧说自己正在做一些实验，研究介子的性质。几年前，我们已经在宇宙射线中发现了这些亚核粒子。人们认为就是它们产生了强大的力量，使原子核能够结合在一起，而且尼维斯加速器也制造出了大量介子。

爱因斯坦点了点头，又摇了摇头，表达了一些自己的感想，大概意思是，**既然无法解释电子的存在，为什么还要浪费这么多精力在这些新粒子上呢？**然后他愉快地道别，只跟我们短暂相处了 30 秒，还给了我们以暴击。尽管如此，我们仍然仿佛身处云端！我们见到了爱因斯坦，并且还跟他谈了物理学！这种激动无以言表，至于他说了些什么则无关紧要。在那之后，马丁成为物理学界的领先学者和爱因斯坦论文的联合编辑，而我也发现了更多无用的基本粒子，例如中微子和夸克。

为什么爱因斯坦的话没有令我感到沮丧呢？

这个问题涉及物理学家如何评价重大的物理成就，这和一般人与科学爱好者的评价方式完全不同。如果我们考虑一项特定的发现或创新，比如广义相对论，那么对这一开创性成就的理解仍会受到历史和个人两方面因素的影响。物理学家意识到广义相对论只是爱因斯坦的，他在这上面努力了十几年，而且目的并不是解释实验结果，而是表述自然的美与简约，他曾将自然称为“老家伙”。实验研究当然是有意义的，1916 年，也就是在论文发表了十几年后，精准的实验研究证实了相对论可能是正确的引力理论。

那么，他那孤独的思维受到影响了吗？是的，被恩斯特·马赫、詹姆斯·麦克斯韦和数学助手影响了。然而在对空间、时间和引力本质更深刻的简单性的探索中，他仍旧非常孤独。

我将自己置于物理学家钟形曲线的某一点，比如中点，来试着描述物理学家如何评价爱因斯坦和其他少数实现重大突破的物理学家：牛顿、麦克斯韦、玻尔、薛定谔、海森堡、狄拉克。每个人都有这样一份清单，我猜测以上这些名字出现的次数可能是最多的。对于我来说，牛顿和爱因斯坦是圣诞树上真正发光的部分，时不时地闪烁。他们在科学探索的道路上都是孤独的。虽然他们也有同伴，爱因斯坦有亨利·庞加莱（Henri Poincaré）、洛伦兹和马赫，牛顿有罗伯特·胡克（Robert Hooke）和莱布尼茨（Leibniz）。但这两位的研究与其他人相比仍遥遥领先，仍是孤身一人。

我对爱因斯坦的偏见源自16岁时阅读的一本书——《物理学的演进》（*The Evolution of Physics*），这是一本适合非专业人士的普及读物，是由爱因斯坦和波兰物理学家利奥波德·因费尔德（Leopold Infeld）合著的。这本书不仅介绍了相对论，还提供了一种关于爱因斯坦思想体系的洞见。我记得最清楚的是开篇的一个比喻：作者将科学比作侦探小说。犯罪现场有一辆白色福特车、一条吠叫的狗、一只沾满血的手套，还有一两具尸体。侦探（科学家）将这些线索记录下来并寻找其他线索，最后通过所有线索确定了犯罪嫌疑人，侦破了案件，从而解释了所有线索。

这里我应该谈谈自己对其他重大物理学突破的主观印象。在高中时（1939年前），我读过玻尔在氢原子结构中应用量子能级的概念。玻尔结合了经典物理学和他对原子结构离散性的特别又令人震惊的介绍。他也采纳了普朗克－爱因斯坦关于光子的概念——光能包。在列了几行初等代数之后，紧接着的是氢原子的许多谱线的精确波长（颜色）。令十几岁的我激动不已的，是在列举光谱的术语前的符号集合。那些符号代表着人们发现的光速、电荷、普朗克常量，以及各种平方和圆周率。

这些源于不同背景的常量怎么能组合到一起来描述氢原子，并且还准确地推导出了闪烁的氢气的光谱线？我记得我当时放下这本书，在家里走来走去，对无人可以跟我分享这一神奇的发现感到沮丧。我学到了一个不可思议的深刻物理概念：用数学音符表达想法，能够精准地描绘复杂但美丽的自然现象。

另一个具有创造性想象力且能够证明自然对数学的深刻尊重的生动例子，是保罗·狄拉克描述电子的著名方程。狄拉克着迷于方程之美，他的电子方程不仅美，而且还富有成效。4 的平方根既可以是两个 2，也可以是两个 -2，从这个意义上来讲，电子方程预示了两种电子粒子：负电子（狄拉克的目标）和正电子。狄拉克对优雅和美的追求取得了一项革命性的物理学发现：反物质的存在。对每一个粒子来说，比如电子、光子、中子、夸克，必然存在一个反粒子。狄拉克的顿悟所表明的正是 20 世纪物理学中“对称性”这一概念的深刻影响。当时这一概念在数学、艺术、建筑和音乐领域蓬勃发展，它对物理学的影响不但点燃了理论科学的革命，而且与人文科学建立了统一的联系。

接下来就到了爱因斯坦的奇迹年。

多方证据显示，1905 年奇迹年的前几年，爱因斯坦的职业生涯充满挫败感：先是博士学位的整个审查过程，接着，他的论文迟迟不被接受，再之后就是找工作接连碰壁。1905 年，作为伯尔尼专利局的一名职员，26 岁的爱因斯坦突然火了起来，5 篇绝妙的论文全部在这一年发表，在这些论文中，他解决了当时物理学界最重要的 3 个问题：原子和分子的存在及其实在性、光的量子性，以及经过全新修正的惯性定律（300 年前由伽利略第一次提出）。由于惯性定律与相对论是两个紧密相连的概念，所以这一全新的定律现在被称为爱因斯坦的狭义相对论。

我那时在读大学，爱因斯坦的名气如此之大，以至于影响了我对他的狭义相对论深度的判断。在学生时代，我一直在想这些问题：**爱因斯坦是从哪里得到这些想法的？为什么是他？这样一个简单的概念表述或定律怎么会有如此深刻的含义？**

白天的时候，爱因斯坦忙于审查专利，所以他大概在晚上和周末研究物理学。为什么？驱动他的并非实验突破（即使有越来越多的实验动摇了牛顿的物理学理论），而是美和深刻的物理意义上的对称与自然的一致性。由于对称性与“美和简洁”紧密相关，所以我们很容易相信爱因斯坦关于自然界如何运作的观点。

对于“不变性”这个关键词，我们更应该在高中科学课上就学习，而非放到研究生阶段。当从不同的观测点观察物理系统时，或者当系统遭遇了只有物理学家才能想象得到的故障时，人们会非常感兴趣地观察什么发生了改变、什么不会变。系统的一部分会发生改变吗？整体能量呢？整个系统呢？如果都没有发生变化，那么这个系统就具有不变性。这就是最简单的自然界。这个系统的物理定律并不关心观测者乔伊是不是在静止状态下（即以相同的速度）研究系统，或者莫伊是否以极快的相对速度飞驰而过。细致的物理学家莫伊看到了乔伊，当乔伊经过时，莫伊从自己的角度看到了乔伊的所有实验，莫伊也会看到同样的定律——爱因斯坦认为，这是真的，不管相对速度如何。以教科书的形式表述就是：对于所有以恒定速度移动的观测者来说，物理定律都是相同的。

这并没有偏离牛顿的科学理论，不过，爱因斯坦还在研究电学与磁学现象。麦克斯韦已经在 1860 年出色地总结出了这些实验规律。基于相关实验的总结，麦克斯韦发现光是一种电磁现象。它兼备电力和磁力，从线圈中震荡并逸出，拥有每秒 299 792 千米的速度。爱因斯坦认为，光的速度是一种物理定律，对所有观察者来说都是一样的。只有这样，牛顿系统和麦克斯韦系统的不变性才能成立。这种解说虽然听起来很简单，但意义深远。这些主张合在一起构成了狭义相对论，它使我们对空间、时间和能量的概念产生了革命性的理解。

那些经典物理学实验带来的困惑和绝望的努力都被相对论一

扫而空。谁会不爱这位推翻了“发光的以太”假设的反传统者呢？新世纪的伟大科学家，比如庞加莱、洛伦兹——他们中的哪一位提出了这一观点？如果你想找点乐子，就去学院的教师俱乐部，在物理学家坐着的那一桌附近提出这一问题，然后注意避开桌子破裂时崩出的碎片，以及那些耸人听闻的话语。

狭义相对论结合了两种观点：光速对所有观测者都是一样的（不变性），物理定律对所有以匀速行进的观测者都是一样的（不变性）。电磁学的对称性与优雅性因此得以保全。然而，当这些想法应用于牛顿力学时，世界就变了。这就是爱因斯坦的狭义相对论，即便它的表述如此简单，但在经济、技术和科学界产生了巨大影响。

狭义相对论的惊人之处还在于其在工程上的应用。虽然核能量本身并非相对论的结果，但有大量设备利用了其中一项重大预测：当粒子以接近光速的速度移动时，它的质量将会增加。基于这一预测设计的设备有大型射频放大器（速调管）、用来治疗癌症的电子加速器、电子显微镜、高压显像管；用于灭菌和控制制造流程的工业加速器，比如厚度测量仪。还有最引人注目的高能粒子加速器，这一设备提高了我们对物质和能量结构的认知。高能电子束也是基于相对论设计出来的，这种设备会产生“同步加速器光”，一种强烈的 X 射线源，可以用来刻蚀微电子学中用到的硅元素，为化学家和生物学家刻画新材料和化学物的三维分子结构的图形照片，提供脱氧核糖核酸（DNA）和其他生物结构的数据。所有这些都来自一位有态度的专利员。

虽然这些设备对国民生产总值的累积贡献要以千亿计，但与爱因斯坦在概念上获得的突破及其带来的革命性影响相比，就黯然失色了。相对论的大部分内容是关于时间全新的主观解释，而对于这部分内容，大部分普通教授和诺贝尔奖获得者都自愧不如，剩下的只有惊叹和感激。

相对于乔伊，高速行驶的莫伊记录乔伊正在记录的相同现象时，结果当然会有所不同。假设乔伊在这个坐标上定位一个电子（他正在研究的系统的一个部件）：$x=6.2$，$y=9.6$，$z=27.3$（都采用合适的单位，假设是米）。他设定电子沿 x 轴运动的速度为 $v=9.6\times10^8$m/s。然而当莫伊看到同一个电子时，会得出不同的数值，因为他观测到的电子的坐标完全不同，即 x、y、z 的数值与乔伊的不同，因此莫伊在实验室测得的电子的速度完全不同。假设乔伊观测到的位置坐标为 x、y、z，而速度为 v（沿 x 轴运动），以及 t（进行测量时的时间），即乔伊的电子所处的坐标为 x、y、z、v 和 t。而在莫伊的实验室中，我们将他的测量结果称为 x'、t'、z'、v'、t'。

物理定律不应依赖于系统或观测者，因为我们没法得知是乔伊还是莫伊在移动，抑或两者都在移动，只知道他们相对于系统的运动速度。不过通过代数知识，我们能够找到这两组坐标系的关系。到此，牛顿和他的追随者都会很开心。然而，根据牛顿的理论，我们将会得出 $t'=t$，这表示，乔伊和莫伊的实验室里的钟必须有着相同的时间间隔。但在狭义相对论中，计时速度可能并不相同，随着相对速度接近光速，差异也会变大。对于时间的理解，一个新颖又离奇的方面是爱因斯坦方程的错误，它扭曲了时间，并将时间嵌入了空间里，这让学习相对论的本科生感到绝望。

自狭义相对论发表上百年以来，这种预测已经得到证实，即当乔伊和莫伊都相对静止时，时间是同步的，而当莫伊加速实验室并加速离开时，时间将以不同的速率运行。

1950 年，我进行了博士论文实验（当时的参与者现在几乎都已离世），利用了一个自然时钟和一种叫作渺子的放射性粒子。加速器在非常快的速度下制造出了渺子，不过，我们也能找到处于静止状态的渺子。在静止状态，我仔细地测量了它们典型的寿命，即渺子从诞生到衰老所需的时间。然而，当渺子以约 98% 光速的速度移动时，寿命延长了 5 倍。如果莫伊以这个速度移动，他的寿命可以达到 400 年！

有趣的是，莫伊在看到伙伴乔伊之前意识不到时间的延长，他以为只过了 10 年，而乔伊此时已经老了 50 岁。相对于莫伊的时间，乔伊的时间快了 5 倍。这就是说，相对于乔伊，莫伊的时间变慢了，如果按照乔伊的时钟来计时，他足可以活到 400 岁。这真是令乔伊嫉妒！

时间本质的这种深刻变化，只是爱因斯坦揭示的空间和时间这两个现实世界的支柱所蕴含的深刻哲学含义的一个例子。对于我来说，这个穿着运动衫的家伙、完全不欣赏我们两个如此有前途又英俊的研究生的人，竟然拥有如此深邃透彻的思想，能够通过观察发现和创造出这么多简洁且美丽的理论，简直无法想象。

04 MY EINSTEIN

How He Thought
爱因斯坦拯救了我

弦论之父，理论物理学家 | **伦纳德·萨斯坎德（Leonard Susskind）**

美国理论物理学家，“弦论之父”之一，斯坦福大学理论物理学教授，斯坦福理论物理研究所创始主任。

萨斯坎德开创性地提出了弦理论、黑洞互补性概念以及全息原理，除此之外，他还提出了夸克禁闭理论、描述强子内部结构的理论、哈密顿点格规范理论、对称性破缺概念、量子宇宙学和 M 理论，等等。这些理论和概念为人类理解量子和宇宙做出了不可替代的重要贡献。

代表作有《理论最小值：经典力学》（*The Theoretical Minimum: What You Need to Know to Start Doing Physics*）、《理论最小值：量子力学》（*Quantum Mechanics*）等。

爱因斯坦拯救了我，让我不必余生耗费在南布朗克斯区做水管工。

—— 伦纳德 · 萨斯坎德

爱因斯坦拯救了我，让我不必余生耗费在南布朗克斯区做水管工。我父亲本·萨斯坎德（Ben Susskind）曾是一名水管工，他的梦想是某一天我能和他一起工作，修理铅管，清理下水道。父亲是我生活中的英雄，他是个坚强的人。1917 年，12 岁的他不得不离开学校，在老鼠乱窜、泥泞脏污的公寓里谋生。我非常熟悉那种生活，从 15 岁起，我就作为水管工的帮手开始工作了。我常在夏天、周末工作，甚至会工作到深夜。我憎恨这份工作，但直到 21 岁，我才有了其他抱负。

我一直很喜欢数学，但直到上了位于哈莱姆区的平民大学纽约城市学院之后，我才发现还有一种叫作物理学的学科。很快，我便爱上了物理学。**此时唯一的问题是，我得告诉父亲我不想当水管工。**因此，某晚结束工作后，我鼓起勇气，带上妻子和孩子到了父母家里。父亲正在店里切割一些管子，为第二天的工作做准备。我满怀忐忑地说："本，我不想再当水管工了。"

他上下打量着我说："你说什么？你不想当水管工？"

"我不想当水管工。"我重复道。

"那你告诉我，你想干什么？跳芭蕾舞吗？"

接下来，我告诉他，我想成为一名物理学家。这个词对他来说毫无意义。"物理学家？物理学家是什么？"

我告诉他物理学家就是一类科学家。我想他可能以为我想成为一名药剂师，于是又解释说爱因斯坦就是一名物理学家。父亲若有所思地说道："爱因斯坦？你擅长那玩意儿吗？"

我告诉他我可以精通此道。他沉思了一会儿，然后用一节短管子轻轻地戳了戳我的胸口。"不当水管工，如果那是你想要的，你可以成为一名物理学家。"

母亲从我妻子那儿听说了这个消息，心烦意乱地冲进店里，哭泣着说："你们会失去经济来源的，孩子会挨饿的！"父亲转过身狠狠地瞪了她一眼："闭嘴！他会成为爱因斯坦的！"

对于大部分人来说，爱因斯坦是一位睿智的老头，有着乱糟糟的头发、哀伤下垂的眼睛。他见证了一切——第一次世界大战、纳粹的统治、曼哈顿计划的启动，这就是爱因斯坦广为人知的标签。但这不是我的爱因斯坦。**我想要的是1905年26岁的爱因斯坦，那时的他年轻、衣着整洁、优雅。**

让我着迷的不是爱因斯坦那时髦的西装和修剪整齐的小胡子，而是他的思想，一种我最欣赏的思维方式。在那一年，也就是我们刚刚庆祝的百年纪念日，爱因斯坦正处于巅峰时期。他有一种几乎超自然的观察自然的方式，能清晰地看穿其他人只能看到的云雾笼罩的阴影。这并不是说他能破译异常复杂的公式，解决困难的数学问题，或者记住大量的实验信息。他的方式是从对自然进行最简单的观察开始。如此简单的观察，即便是聪明的孩童也能理解。但从这些基本的思考中，他总结出了最深远的结论。回想起来，他看到的事情是那么显而易见，但其他人就是发现不了。

以关于相对论的第一篇论文为例。包括亨德里克·洛伦兹在内的这些物理学家，都知道这位26岁的专利局职员知道的一切物理现象，但他们就是无法摆脱以往观念的束缚，仍认为光和其他电磁现象是以太的扰动，以太是一种充满空间、透明的假想物质，其应力、压力和振动遵循法拉第和麦克斯韦的电磁理论。我总是认为以太就像透明果冻一样。其他物理学家知道从没有实验地球穿过以太的运动，所以他们编造了复杂的解释，来解释以太如何使米尺等物体变形，使其无法被检测到。相比之下，爱因斯坦的论文《论动体的电动力学》（收录于1905年9月26日出版的《物理学纪事》）任何人都能理解，开篇第一段从德语翻译过来是这样的：

> 众所周知，当麦克斯韦的电动力学应用于运动的物体时，会导致不对称，而这似乎不是现象中所固有的。以磁铁和导体的相互电动作用为例。可观测的现象只取决于导体和磁铁的相对运动，而传统的观点则在其中一个或另一个处于运动状态的两种情况之间做出了鲜明的区分。也就是说，如果磁铁处于运动状态，而导体处于静止状态，磁铁附近就会产生一个具有一定能量的电场，在导体所在的地方产生电流。但如果磁铁处于静止状态，导体处于运动状态，那磁铁附近就不会产生电场。然而在导体里，我们发现了电动势，它本身没有相应的能量，但它会产生（假设所讨论的两种情况下的运动相同）与前一种情况下的电动势所产生的路径和强度相同的电流。

除去德语的曲折描述，爱因斯坦的观点其实很简单：左手拿一个线圈，右手拿一个磁铁，根据 19 世纪的物理学，如果你在以太中移动线圈，而保持磁铁静止不动，那么磁铁的磁场会推动移动的线圈中的电子，从而产生电流。但在相反的情况下，你拿住线圈保持不动，在以太中移动磁铁，磁铁的运动场会产生一个电场，推动电子穿过静止的线圈。两种看上去完全不同的现象，一个涉及磁场，另一个涉及电场，产生了完全相同的结果：电流流经线圈。爱因斯坦的想法是什么呢？产生电流的原因是导体和磁铁的相对运动，而非磁铁穿过以太的运动或线圈穿过以太的运动。通过这一点和他对光信号使时钟同步现象的简单研究[①]，爱因斯坦推导出了狭义相对论和意义重大的方程式 $E=mc^2$。

1905 年这个奇迹年之后不久，这个眼神哀伤的年轻人开始思考引力。最明显的方法是尝试以某种方式修改电动力学方程，以使牛顿万有引力定律作为第一近似出现。这种方法最终可能会成功，但会使方程变得非常复杂。我毫不怀疑，大部分物理学家都是这样做的，但爱因斯坦没有。相反，他想到了电梯。爱因斯坦的出发点基于一个简单的观察，任何坐过高速电梯的人都知道：当电梯开始加速向上行驶时，我们便感觉重力突然变强了，但当电梯停下时，重力似乎短暂地消失了。爱因斯坦假设重力和加速度的等效是自然界的基本定律，并称之为等效原理。其他人都知道这种联系，甚至牛顿也知道，但只有爱因斯坦拥有清晰的远见，在接下来的 10 年追随这一想法，直到最终提出了最伟大的理论——广义相对论。广义相对论并不简单：涉及的数学原理很难，方程也很复杂。但正是从这个毫不起眼的电梯思想实验中，爱因斯坦推导出了这个基本思想。对于我来说，这种思维方式代表了科学所能实现的最高形式的美。

关于爱因斯坦的思维方式，最引人注目的事情之一是他早期

① 这一研究在彼得·加里森于 2003 年出版的著作《爱因斯坦的时钟与庞加莱的地图》中得到了精彩的阐述。本书文中简体字版已由湛庐策划，即将由浙江科学技术出版社出版。

的步伐是多么稳健，他清楚地知道该相信什么，该舍弃什么。他怎会如此肯定热力学定律及其统计解释比经典力学和光的波动理论更可靠？不过，如果没有这种自信，他可能也无法发现光是由不可分割的能量量子——像粒子的光子——组成的。是什么让他确信光速是普遍存在的，但应该抛弃普遍同时性的概念呢？他怎么知道该相信乘电梯时的感觉，却不相信速度的增加？我猜，我们只能说，对于物理世界的微妙之处，爱因斯坦的思想和直觉特别敏感。

在写这篇文章时，我已经 64 岁了，有点倾向于回顾自己的科学成就。在某些时刻，我有点羞愧，我在科学上的造诣并没有达到应该达到的高度。某些成就令人非常满意，比如弦理论的发现，不过我最好的几次表现都源自爱因斯坦式的思考，哪怕只是在很微小的程度上。也许正因如此，我才发现了黑洞物理学中的互补性原理。

1976 年，斯蒂芬·霍金提出了一个著名的问题，涉及万有引力及其与量子力学之间的关系。霍金的观察是，量子力学会导致黑洞最终蒸发，变为热辐射（光子）。但是那些落入黑洞的物体呢？所有关于它们的信息都在落入黑洞视界后消失了吗？

这是一个好问题。根据量子力学的标准定律，信息是被禁止丢失的，可以被扰乱，但绝不可以丢失。此外，根据广义相对论，黑洞视界是一个无法返回的点，任何信息，比如电话簿、计算机或人类基因里的信息，在跌落视界后就无法返回。显然，这意味着信息会永久丢失。这就引出了一个悖论：万有引力与量子力学相互矛盾。

举一个生动的例子。假设你的一位朋友掉进了直径达 10 亿光年的巨大黑洞，根据广义相对论（实际上只是等效原理），当你的朋友跌落视界时，不会发生什么特别的事情。她的身体可能会在 5 亿年后在黑洞正中心这个暴力无比的奇点被摧毁，因此在她掉落黑洞的整个经历中，穿越视界只是一件无关痛痒的小事。

然而，根据量子力学和统计力学，这个故事将会截然不同。身处黑洞之外的你将根据黑洞最终蒸发的产物来重构这个故事，结局令人毛骨悚然。当你的朋友在落入视界而非奇点时，就会变得越来越热，温度高达 10^{30} 度，最终变为热辐射，以光子的形式出现。显然这两个故事不可能都正确。

霍金犯的一个错误是，相信了继承自经典广义相对论的观点。他和大多数人都很清楚，消失在视界里面的信息将永远地丢失。然而，这就意味着在黑洞这一问题上，量子力学和热力学的统计学解释一定是错误的。

我和荷兰物理学家杰拉德·特·胡夫特（Gerard 't Hooft）认为，事实并非这样。放弃统计力学和热力学这些基本原理的代价太大了。我开始设计爱因斯坦常用的那种思想实验。假设你将一个电子丢进黑洞里，或者其他东西也行。在分析了很多这种思想实验之后，我得出一个结论：这当中没有悖论。两个故事都是真实的！有一个全新的、远超爱因斯坦理论的相对性原理可以解释这一切，那就是黑洞互补原理。无需陷入细节的讨论，我将这一原理描述为，在某种意义上，信息可以同时出现在两个地方。更精确地来说，一个事件或者一条信息的位置并非一成不变，对于你的朋友在何时何地遭遇了可怕的命运，不同的观察者可能会有不同观点。就像爱因斯坦得出的结论“事件的同时性是相对的”一样，我得出的结论是，事件发生在视界后面还是前面取决于观测者的运动状态。

之后，我们通过思想实验又推导出另一个理论，那就是我和特·胡夫特提出的全息原理，这一理论可能是物理学界自量子理论和相对论提出以来最奇妙的一个转折点。基于事物可能并不像它们看起来的那样，我和特·胡夫特通过思想实验推导出一个结论：我们身处的宇宙是一张全息图，是记录了三维世界中所有物体信息的二维表征。全息原理曾经被视为一种疯狂的猜想，现在却成为现代理论物理学的支柱。无论这个理论正确与否，我想年轻时的爱因斯坦都会认可的。

爱因斯坦曾说过：**“像我这样的人，最重要的是思考了什么、如何思考，而非做了什么或遭受了什么。”**他可能还说过：**“最大的满足不在于我找到了什么，而在于我如何找到它。”**

05 MY EINSTEIN

In Search of Einstein
我的物理学之路，源于对爱因斯坦的追寻

理论物理学家，圈量子引力理论创始人 | **李・斯莫林**（Lee Smolin）

美国知名理论物理学家，圈量子引力理论创始人之一，被誉为“现今最具原创力的理论学家之一”。安大略省滑铁卢市圆周理论物理研究所的创始成员和研究物理学家，滑铁卢大学物理系客座教授、多伦多大学哲学系研究生导师。

李・斯莫林在量子引力领域做出了杰出贡献，特别是提出了圈量子引力的方法。他主张量子引力的两种主要研究方法——圈量子引力和弦理论，可以作为同一基础理论的不同方面加以调和。

代表作有《李・斯莫林讲量子引力》（*Three Roads to Quantum Gravity*）、《量子力学的真相》（*Einstein's Unfinished Revolution*）、《时间重生》（*Time Reborn*）等。

我从未怀疑过爱因斯坦。

—— 李·斯莫林

MY EINSTEIN

05 我的物理学之路，源于对爱因斯坦的追寻

李·斯莫林

我的办公室里挂着一张爱因斯坦的原版个人照片，是加拿大摄影师优素福·卡什（Yousuf Karsh）拍摄的。一位我敬重的长辈朋友认识这位摄影师，并将这张照片送给我，以欢迎我去加拿大。我把它放在了一个显眼的位置，但很少看它。在我看来，这是一个注视着照相机的老人，眼神中混合着悲伤与紧张。你可以从他的眼神中看到，曾经炽烈的智慧和叛逆已经被时间掩盖，或者可能只是因为他不得不再次坐下来为公众服务。现在看着它，我最为确定的一点是，**我从未遇到过任何一个像他一样的人。**

我不知道这是因为他的独特性，还是因为他属于一个已经逝去的时代。我也确信我不知道他是谁，不知道他会发出什么样的声音，不知道对他身边的空间有何影响，以及他活在人世时是什么样的。1979 年，作为一名初出茅庐的科学家，我深深地迷恋上了他。我的第一份博士后职位是在普林斯顿高等研究院，主要原因之一就是，我希望能够与跟爱因斯坦有关的一些人和事有一

些实实在在的接触。然而令我失望的是，那个时候除了图书馆里的一尊半身像，已经没有任何爱因斯坦的痕迹了。那里没有他的学生或追随者，只有寥寥无几的人知道他，而且他们对于我提的问题没有丝毫兴趣。

来到高等研究院的第一周，理论物理学家弗里曼·戴森邀请我共进午餐。他非常绅士，问我有什么需要帮忙的，以便帮我在普林斯顿生活得更自在。我回答说确实有，但也只有这一个请求："你能否告诉我，爱因斯坦究竟是一个什么样的人？"

"我很抱歉，这个问题我恐怕无法回答你。"戴森回复道。

我感到非常惊讶，并坚持问道："但你是在 1948 年通过奖学金来到这里的。爱因斯坦于 1955 年去世之前，你都是他的同事。"

戴森解释说，当初来到高等研究院时，他也非常想了解爱因斯坦，因此拜访了他的秘书海伦·杜卡斯，并预约了一次会面。在他拜访爱因斯坦的前一天，他认为应该准备一些问题来讨论，因此找杜卡斯要了一些爱因斯坦最新科学论文的副本。然而在那晚读完这些论文后，他认为这就是一堆垃圾[①]。第二天一早，戴

① 这确实是当时年轻一代看待爱因斯坦统一场论的态度。现在普林斯顿高等研究院里全是研究统一场论的年轻人，这是多么讽刺啊！——李·斯莫林注

森觉得无法面对爱因斯坦，告诉他这些研究是垃圾，但也无法在面对爱因斯坦时不坦承自己的想法。因此，戴森告诉我，他翘掉了这次会面，并在之后的 7 年里，直到爱因斯坦去世，都一直躲着他。

我被这个故事惊呆了，只能问一些很浅显的问题："你不觉得爱因斯坦会为自己辩护，并向你解释做这些研究的动机吗？"

"当然，"戴森回复道，"但这个想法出现之前，我的年纪已经很大了。"接着他讲了在量子场论成功后，那一代物理学家变得非常傲慢，以及他们如何轻易地无视与他们有不同意见的人。

之后不久，一位朋友把我介绍给了亚伯拉罕·派斯（Abraham Pais），他会经常到访高等研究院，来查询爱因斯坦的论文，完成他的传记。我听到派斯自言自语地赞美一位年长的女士，便问他在说谁，他回复道："当然是杜卡斯小姐了，不会再有任何一位女士能像她一样。"相识多年后，杜卡斯小姐同意派斯用亲昵的杜（du）来称呼她，这让他很兴奋。事实上，杜卡斯仍然在高等研究院，而且每天都会来整理论文。我问派斯能否将我介绍给杜卡斯，我想亲自问问她爱因斯坦到底是一个什么样的人。第二天午餐时，他答应了我的请求。在和杜卡斯独处时，我吐露了内心深处的愿望。作为一名年轻的物理学家，我想追寻爱因斯坦的道路，想知道他是一个什么样的人。听完我的话，她的表情立马变得冷漠起来。"我帮不了你，"她说，"我只是一名秘书，只负责打印一些论文。”我应该据理力争，说她跟爱因斯坦在同一个屋檐下生活了长达20余年，肯定知道我想知道的事情。然而，我们的会面就这样毫无成果地结束了。第二年，她去世了。

我从彼得·伯格曼（Peter Bergmann）那里也没有得到答案，他是爱因斯坦的助理之一，之后成为我的同事。对于同样的问题，他也坚称帮不了我，而且立刻转换了话题。派斯也不愿在这个问题上帮我，尽管他曾对另一位热爱当代艺术的年轻科学家很友好。约翰·惠勒告诉了我一些他与玻尔、爱因斯坦相交的美妙故事，但无论如何，他没有说出任何关于爱因斯坦本人的事情。

因此，**关于爱因斯坦到底是个什么样的人，我从未找到答案。**也许我在故意打破他的光辉形象，而这会影响到他的继承人想要延续多年的神话。考虑到爱因斯坦在普林斯顿的最后几年受到了整个物理学界的蔑视，他们也许过于敏感。抑或因为那些人经历了两次恐怖的战争，曾经生活的世界被战争彻底摧毁，无法与我这样的年轻美国人交流，因为我无法体会走在1925年春天的柏林街头是一种怎样的感受。

有几次，我独自一人在深夜的图书馆里注视着爱因斯坦的半身像，而它能告诉我的，就跟草坪上的那些抽象的金属雕像能告诉我的一样少。两者都用于纪念一个传奇，却都无法开口，也无法透露爱因斯坦本身的为人。

也许想知道爱因斯坦的真实为人有失礼貌，但我觉得自己有理由知道。我之所以决定致力于理论物理学研究，完全是因为巧遇了爱因斯坦的著作。那时我还是美国辛辛那提一名17岁的高中辍学生，某天，出于对建筑的兴趣，我偶然间读了一本关于爱因斯坦的论文集《阿尔伯特·爱因斯坦：哲学家、科学家》(*Albert Einstein, Philosopher-Scientist*)，编者是保罗·席尔普（Paul Schilpp）。[①] 这本书以爱因斯坦的简短自传为序言。在序言中，爱因斯坦描述了自己从事科学研究的动机，显然是出于青少年的焦虑和反叛，这与我的情况没什么不同：

> 当我还是一名相当早熟的年轻人时，大多数人一生不懈追逐的希望和努力的徒劳令我印象深刻……仅仅因为肚子的存在，每个人注定要参与那场追逐。参与这种追逐可能会让胃得到满足，但作为有思想、有感情的人类，这令我无法感到满足。

他继续描述了自己找到的答案：

> 那里有一个宏大的世界，独立于人类而存在，就像一个深奥、永恒的谜题一样摆在我们面前，但其中至少有一部分是我们可以观察和思考的。对这个世界的沉思

① 书的内容从巴克敏斯特·富勒（Buckminster Fuller）到测地线圆顶，再到建造它们所用的数学，再到爱因斯坦广义相对论涉及的数学，十分丰富。——李·斯莫林注

是一种解脱，我很快注意到，许多我已学会去尊重和钦佩的人都在这种追求中找到了内在的自由和安全感。在我们的能力范围内，把对这个超个人世界的精神追求作为最高目标，这个念头半有意识、半无意识地呈现在我的脑海中。无论是现在还是过去有同样动力的人，以及他们所获得的见解，都是不能失去的朋友。

看完这段话，我决定追随爱因斯坦的路，成为一名理论物理学家。**虽然在那之前我从未考虑过从事任何科学研究，但那个晚上，青春期那种肆无忌惮的悸动使不可能成为可能，从战争到摇滚乐，我决定奉献自己的一生，来继续爱因斯坦对自然规律的研究。**虽然我从未学习过任何物理学课程，但不知怎的，我感觉自己能行。于是，我选择了爱因斯坦未完成的研究：找到更容易理解的量子理论的替代理论，并通过将量子物理学理解为空间和时间结构的结果来做到这一点。能在这一刻遇到爱因斯坦，我为自己的幸运激动不已，自此以后，这种探索一直是我从事科学研究工作的基础。

我立刻开始自学物理学，爱因斯坦就是我的导师。我找到一本书，里面有相对论的原版论文，于是从头到尾读了一遍。我对 1907 年在地铁上看到的那篇他发表的有关等效原理的论文，有十分深刻的印象，我震惊于他对光线弯曲现象的论证。我还从麻省理工学院得到了一份目录册，从中我可以了解我将如何自学物理，然后申请研究生。幸运的是，数学家朋友威廉·拉金（William Larkin）说服了我，他说还是去大学会更好。当时我凭借在建筑学方面的兴趣被汉普郡学院录取。在去麻省理工学院之前，我遇到了物理学教授赫伯特·伯恩斯坦（Herbert Bernstein），他用了一下午的时间听我讲我对广义相对论的理解——他假装自己不知道广义相对论。那场对话和他之后寄来的一封信使我确信，我找到了一位好老师。确实，如果没有他，我肯定不知道该如何进行物理学研究这项艰苦的工作。那年春天晚些时候，我跟随保罗·埃斯波西托（Paul Esposito）学习了关于广义相对论的研究生课程，这是我真正接受物理学教育的开始。没有多少物理学家一开始就学习广义相对论，然后将牛顿力学视为它的近似版本来学习，但未来的课程规划者可能会有兴趣知道，这种学习方式是有效的。

伯恩斯坦教授开设了一门革命性的课程，将量子力学纳入大一物理学课程，然后据此在以后的课程中推导出经典力学。基于爱因斯坦在《自传注记》里对量子物理的批判，我已经学习了量子物理学，还在同一本书中读到了玻尔写的他与爱因斯坦辩论的文章，因此在我知道量子物理学的细节性知识之前，就已经知道了关于相关问题的争议。我渴望学习真正的知识。与很多教授不同的是，伯恩斯坦并没有回避课程中包含的争议，这一点对我也有帮助。最后，我们阅读了爱因斯坦、鲍里斯·波多尔斯基（Boris Podolsky）和内森·罗森（Nathan Rosen）于 1935 年发表的一篇论文。在这篇论文中，他们论证了量子力学的不完备性，这也是讨论两个粒子一旦相互作用就不可还原地发生纠缠的一篇论文。我记得自己是在某个春天的下午在大学校园的草坪上读了这篇论文，然后无比震惊地意识到，原来构成我自身的原子正与我碰触到的人的原子发生纠缠。

我曾无数次地重读这篇论文和玻尔的回复。在我房间的一角，天花板与墙面以一种奇怪的角度相接，当我思考粒子纠缠现象时，常常会盯着那个角。我还在图书馆找到了 1927 年索尔维会议的报告，里面有爱因斯坦和玻尔的辩论记录，以及他们与同事围绕量子理论的讨论。我一字一句地认真读完后，发现玻尔的推论虽然非常吸引人，但缺乏说服力。爱因斯坦说服了我——量子力学是不完备的，需要新的理论来替换，直到现在我仍然这么想。

我从未怀疑过爱因斯坦。我虽然尊重那些持不同意见的同事，但认为他们的想法基本上都不可理喻。尽管我试图了解他们在说什么，但断言宇宙实际上是一个由无限维度组成的复杂空间中的向量的说法，就像亚里士多德断言的所有天体围绕着地球旋转的地球中心说一样愚蠢。测量就能得出确定值的事实只是我们操控的结果吗？宇宙是不是在等了将近 140 亿年才让类人猿的后代决定在波函数坍缩之前进行实验？世界是否只是等待被解码的信息？我穷尽一生都在研究量子力学，但跟我第一年学习它时一样，这毫无意义。因此，我安慰自己，它对爱因斯坦也毫无意义。

从那一刻起，爱因斯坦就成了我想象中的导师。他对清晰的要求高于一切，并坚持根据自己的判断走出一条通往真理的道路，而不考虑周围的人在做什么、想什么，这些都是我想学习的。他的独立性也鼓励我去思考，找到自己的路，至少有机会在科学上取得成功。

与此同时，**我也需要承认自己之所以能在职业生涯中取得一些成就，是因为我没有追随爱因斯坦。**如果我像他一样，以道德纯洁性的要求接近物理学，并拒绝研究量子物理学——因为我觉得这是不可接受的，如果我坚持研究另一种理论来取代它，那我的命运很可能跟爱因斯坦一样，在毕业之后得不到学术学位。相反，我走了一条现在才到出口的弯路。我认为直接攻击量子理论，无论在科学还是专业上面，都不会有什么收获。相反，我认为应该解决将量子理论和引力绑定在一起的问题，因为引力是唯一没有成功地合并进量子力学中的物理力。而且我认为，如果尝试将量子力学扩展到引力和广义相对论，最有可能找到替代理论的线索。这是一条会被爱因斯坦嘲笑的路，我不认为目前我们已取得的部分成功会改变他的想法。

不过，当我离开爱因斯坦的路径时，仍然会不断地遇到他。在哈佛大学读研究生时，我遇到了一位研究物理学历史和哲学的女士，与她约会期间，我们一起按照撰写的先后顺序阅读了爱因斯坦早期的论文。因为某些不为人知的原因，爱因斯坦遗产托管事务所阻止了一本最能在学生中扩大爱因斯坦影响力的书的出版。这是一本廉价的平装本，里面包含爱因斯坦所有被翻译成英文的重要科学论文。不过我这位朋友会德语，所以我们能读懂它们。这些论文是对我在量子场论课程中所获知识的补充。

从那些论文中，我吸收了爱因斯坦的一些科学研究风格。很少有人欣赏的一件事是，年轻的爱因斯坦实际上非常擅长研究理论物理学，虽然他在自己的专业领域无法找到工作。在这些论文中，大部分数学描述都很简单，物理论证自信而精确。论文结构很简洁：没有多余的陈述，没有重复或堆积的例子或证据，介绍简短而切中要点，会提及实验结果，但没有详述。每篇论文都提出了一个简单但极其有力的论点，并通过简单的计算得出一个令人惊讶但无可反驳的强大结论。阅读这些论文有点像在欣赏毕加索（Picasso）的画作，观看贝克特（Beckett）或布莱希特（Brecht）的戏剧，或者听塞隆尼斯·蒙克（Thelonious Monk）的钢琴演奏。这些论文的力量存在于那些被保留下来的、没提到的东西里，因此承载他思想的短短几行文字或笔记便能够影响我们。

对于那些理解这些内容的人来说，爱因斯坦的科学研究风格是最为震撼的。虽然一个人能够轻易使用更复杂的数学，或者进行更多计算、展示更多对于细节的控制，但唯一能够模仿爱因斯坦的方法就是更好地思考，这不是通过接受教育就能获得的。认真思考比其他任何事情都难，这也是大多数人会尽可能避免思考我们在做什么，以及这样做的原因。我们需要面对这个令人不安的事实：起初，爱因斯坦虽然在寻求学术职位的路上失败了，但他利用从工作和琐碎的家庭生活里偷来的业余时间做科学研究，有时会边散步边思考，有时会独自坐在房间里——他在 5 年间取得的科学成就，比过去 20 年里身处世界上最好的大学和研究院、拥有最好条件的 1 000 名弦理论学家所获得的还要多。

这才是我真正想知道的爱因斯坦，而非那位会悲伤地让摄影师拍摄、让雕刻家雕刻的圣人（无论给他冠以什么名头）。这位有着令人困惑的爱情生活的年轻人虽然没有给教授留下好印象，却坚定地重塑了科学。我们只有几张爱因斯坦在伯尔尼专利局办公桌前塞在西装里的照片。在这些照片中，他的嘴角是悲伤的，但眼神是危险的，甚至不太文明。看着它们，我不确定他是什么样的人，也不确定自己是否喜欢他。我已经知道得够多了，知道我跟他一点儿也不像，即使他对知识的道德追求的一小部分也成了我人生的目标。

活在一个幸运的时代，我怀疑自己比他更幸福。如果他能够复活——这当然是不可能的，我想知道他对我和同事为他未完成的工作做出的小小贡献有何看法，而不是他对我的职业的任何形式的认可。

06 MY EINSTEIN

Helen Dukas: Einstein's Compass
我的“玛丽阿姨”，爱因斯坦的指南针

科技史学家，物理学巨擘弗里曼·戴森之子 | **乔治·戴森**
(George Dyson)

技术史学家，作家、设计师，物理学巨擘弗里曼·戴森之子。

乔治·戴森的一生都在建造船只和写作。他的研究兴趣十分广泛，研究内容从阿留申人的皮划艇的历史到数字计算和电信的发展再到核弹推动下的太空事业。在1972年到1975年，他独自居住在一间30米高的树屋里，建造树屋所用的材料都是他在海岸上回收的各种废弃材料。

乔治·戴森非常善于写作，他的《图灵的大教堂》（*Turing's Cathedral*）一书被描述为“数字宇宙的创造神话”。该书曾入围《洛杉矶时报》科技类图书奖，并被加州大学伯克利分校“同一计划”（On the Same Page）项目选中并推荐。

正如杜卡斯只通过一本合适的书就改变了我的人生轨迹，我相信她也通过一系列微妙的暗示指引了爱因斯坦的生活。

—— 乔治·戴森

MY EINSTEIN

爱因斯坦 5 岁卧病在床时，父亲给了他一个磁铁指南针，这激发了他对物理学的浓厚兴趣，在接下来的 71 年里，这种迷恋一直支配着他的生活。在我 7 岁、姐姐埃丝特 8 岁时，海伦·杜卡斯每周定期到我们位于普林斯顿巴特尔路的家中照顾我们这些越来越多的孩子。她于 1928 年起就担任爱因斯坦的私人秘书，并在 1955 年爱因斯坦去世时成为其遗产执行人。杜卡斯偶尔会从爱因斯坦家里收藏的游戏和谜题库中带来一些东西，它们曾经是爱因斯坦教授收到的礼物，现在到了我们手里。

跟爱因斯坦一样，我记得自己也得到过一个小小的磁铁指南针，但它并未对我产生任何影响。对于我来说，它就只是一个指南针，一个当你迷失在森林里时能帮你找到南北的小玩意儿。对于它为什么会指向北方、为什么会有电磁场，我并未感到好奇。我只会好奇为什么自己会在森林里迷路。

拥有 24 名终身教授和 200 名左右临时访客的普林斯顿高等研究院占地 2.4 平方千米，其中 2 平方千米是私人自然保护区。我的父亲、物理学家弗里曼·戴森在 1953 年加入了普林斯顿高等研究院，同年，我出生了，并在高等研究院的森林里度过了大部分童年时光。新泽西州普林斯顿是一个宽阔的森林社区，并且受区域法律和雄厚财力的保护。这是一项非常有价值的举措，不过没有任何地方像普林斯顿高等研究院的森林那般奢华。森林和爱因斯坦是这所研究院最为不朽的两大标志，提醒着世界，研究院的存在只是给予一群被精心挑选的人思考的时间和空间。“有什么能比给可以思考的人空闲时间更明智的呢？”1939 年，经济学家沃尔特·斯图尔特（Walter Stewart）对高等研究院创始董事亚伯拉罕·弗莱克斯纳（Abraham Flexner）说。那一年，普林斯顿高等研究院的总部富尔德厅（Fuld Hall）在森林边缘正式建成。

森林是野生动物的避难所，是学者的避风港，是孩子们不可抗拒的荒野。普林斯顿高等研究院的风景给在那里长大的孩子留下了难以忘怀的童年回忆。那片森林约有 2.6 平方千米，边界线上挨着奥尔登农场、普林斯顿战场、斯普林代尔高尔夫球场、特拉华州和拉里坦运河。那里就像克里斯托弗·罗宾（Christopher Robin）在《小熊维尼》一书中创造的百亩森林一样。

该研究院的“克里斯托弗·罗宾”是拓扑学家奥斯瓦尔德·维布伦（Oswald Veblen）。他是托尔斯坦·维布伦（Thorstein

Veblen）的侄子，于1905年来到普林斯顿大学。他除了第一次和第二次世界大战期间在阿伯丁试验场工作、夏季在缅因州树林里隐居外，其他时间都待在普林斯顿大学。作为一名不知疲倦的户外运动者和管理者，他在1924年2月23日给洛克菲勒基金会的西蒙·弗莱克斯纳（Simon Flexner）写信，提议创办一所机构，后来它便成为高等研究院。维布伦写道：“再向前迈出一步的方法是资助建立一所数学研究院。所需的基础设施非常简单：图书馆、几间办公室、几间报告厅以及少量计算机这类设备。”

弗莱克斯纳回信给维布伦：“我希望有机会你能跟我哥哥、美国普通教育委员会的亚伯拉罕·弗莱克斯纳先生谈谈。”6年之后，亚伯拉罕·弗莱克斯纳从洛克菲勒基金会退休时，从纽瓦克商人路易斯·班伯格（Louis Bamberger）和他的妹妹卡罗琳·班伯格（Caroline Bamberger）那里获得了一笔资金，创立了高等研究院。维布伦是第一位加入的教授，他利用自己的新职位拓展了数学在美国的影响力，还设定了高等研究院周边森林的边界。

“据我所知，美国所有教育机构一开始就犯了一个错误，那就是获得的土地太少，而不是太多。只有土地足够辽阔，才可以避免令人反感的入侵者。”维布伦在1934年4月12日写给亚伯拉罕·弗莱克斯纳的信中敦促他取得“足够大的土地”。维布伦徒步穿过普林斯顿的森林和田野，与陷入大萧条的土地所有者进行了一系列艰难的讨价还价，最终获得了一块足以构成避难所的土地，现在这片区域的四面八方都被开发区包围了。1959 年，罗伯特·奥本海默写信给维布伦，申请修改高等研究院的其中一条路的名字，也就是将门廊路改为维布伦巷。维布伦在信的边缘回复道："答案是不，至少在我死之前都不行。"

维布伦决定在高等研究院内组建一所一流的数学学院，基于他在普林斯顿大学获得的成就，聚集该领域最聪明的头脑。该学院的待遇非常诱人，高薪资、没有教学任务、终身教职，还有宽阔、温暖、舒服的办公室。在招聘人才这件事上，弗莱克斯纳遵从了维布伦的意见，他在 1938 年向理事会解释道："数学家就像黑夜中的奶牛，对我来说都是一个样子。"不过，弗莱克斯纳确实向爱因斯坦抛出了橄榄枝。爱因斯坦接受了邀请，成了第二位教授。那时的爱因斯坦不只是获过奖的科学家和公众人物，同时还是受人尊敬的避难者。20 世纪 30 年代，该研究院发挥了重要作用，庇护了那些逃离欧洲战争蹂躏的人，接纳了尽可能多的学者。维布伦当时担任洛克菲勒基金会暨德国流离失所学者紧急委员会的主席，该委员会的成立是为了应对欧洲反犹太主义和美国经济大萧条的双重不幸。对于那些将被淹没在正在降临的黑暗中的人来说，普林斯顿高等研究院的邀请是一线曙光。正是有机会与洛克菲勒家族合作，在这项任务中发挥带头作用，吸引了爱因斯坦与这个新的研究院签约。

弗莱克斯纳患有"创始人综合征"，也就是会将新教员紧紧地掌控在手里，让人感到不舒服。他认为设立一个稳固的公司董事职位是必须的，以避免“委员会、团体或教职员本身发起的枯燥且越发频繁的会议。一旦开始，组织化和正式协商的倾向就不会停止”。爱因斯坦和海伦·杜卡斯都觉得弗莱克斯纳过于专横，双方的关系变得紧张起来。“为了建造一所伟大的研究院，我们迟早得有与众不同的伟大人物。比如，爱因斯坦去欧洲后做了很多蠢事。”弗莱克斯纳在 1933 年给资金保管者赫伯特·马斯（Herbert Maass）的信中写道，“当然，我一点都不会允许他们妨碍我。我知道，当他抵达普林斯顿，我会设法管控他和他的妻子。”

然而，爱因斯坦为了自己的目的利用了弗莱克斯纳和高等研究院，就像弗莱克斯纳为了自己的目的利用了爱因斯坦一样。普林斯顿大学是美国最保守的社区之一，爱因斯坦明确地意识到，尽管这里的人乏味且自负，普林斯顿大学还对犹太人充满敌对，但这个在东海岸中心建立的避难所是一个叛逆、不墨守成规的人从内部施加影响的好地方。在爱因斯坦的领导下，研究院的教职员工掀起了一场反对弗莱克斯纳的运动。弗莱克斯纳被迫退居二线，取而代之的是弗兰克·艾德洛特（Frank Aydelotte）。艾德洛特是斯沃斯莫尔学院原主席，于 1939 年加入国际友人协会，其外交手段在研究院内外得到了至高评价。1946 年，作为英美驻巴勒斯坦联合委员会的成员，艾德洛特帮助以色列建国，并要求爱因斯坦担任该国领导者。

爱因斯坦一家和海伦·杜卡斯于 1933 年 10 月抵达了普林斯顿。作为爱因斯坦家族的一员（在埃尔莎·爱因斯坦于 1936 年去世后担任该家族的管家），杜卡斯一直留在普林斯顿，直到 1982 年去世。尽管杜卡斯的光芒一直被雇主掩盖，但她本人确实拥有非凡的智慧。“杜卡斯能够准确无误地记住谁在什么时候写了什么东西，谁需要答复，谁不需要，谁是热心追寻真相的人，谁是八卦爱好者。”我父亲在她的追悼会上这样回忆道。她的存在让爱因斯坦“过上了心无旁骛的教授生活。她把他想忘记的烦人细节藏在心里，提醒他他想记住的重要事情”。**对于世界其他地方的人来说，爱因斯坦因其科学成就、人性魅力和生前所享受的名誉而永垂不朽，而对于他普林斯顿的朋友和邻居来说，爱因斯坦因海伦·杜卡斯得以不朽。**当时我和姐妹们还太年轻，尚不知道爱因斯坦，但杜卡斯每周的拜访将他带入我们的生活。

杜卡斯出生于 1896 年 10 月 17 日，在弗赖堡长大，家里有六个兄弟姐妹。1909 年母亲去世后，她不得不辍学以帮助照顾兄弟姐妹。她在 1919 年当上了幼儿园老师，这是她的第一份工作。在普林斯顿时，爱因斯坦家里没有孩子，而她自己的亲戚都留在海外。我们的家大约位于高等研究院和美世街爱因斯坦家的中间。我们在美国没有长辈的照料，而杜卡斯没有孙辈，所以，一切恰到好处。就像玛丽阿姨[①]一样，某一天，她就这么出

① 英国作家特拉弗斯的系列童话中的主人公，在迈克尔一家最需要保姆的时候，一阵狂风刮过，玛丽阿姨随风而至。——译者注

现了，她选择了我们，就像我们选择了她。

杜卡斯虽然很严厉，但也善良。她喜欢讲话，特别喜欢用德语，并且知道如何用精心挑选的词句施加影响。她知识渊博，像一本百科全书，世界和爱因斯坦教授之间发生的几乎所有事情都流经了她，并在中途被她的大脑记录了下来。她就像我们今天所了解的搜索引擎。

在一个特别难忘的冬日午后，杜卡斯让我开始读人生第一本成人书。我此前一直在父亲书房里那张巨大、装有弹簧的绿色诺加海德革躺椅上蹦蹦跳跳，百无聊赖，而且常常给她制造麻烦。直到有一天她建议：“你为什么不读点书呢？”而我答道：“没什么可读的！”书房里虽然堆满了书，但没有童书。杜卡斯走向书架，拿出一本书说道：“就读这本吧！”这本书是托尔·海尔达尔（Thor Heyerdahl）的《康提基号》（*Kon-Tiki*），对于我来说，它就是改变我的那一本书。“只是偶尔你会发现自己处于奇怪的境地，”海尔达尔在开头这样写道，“你以最自然的方式逐渐进入此境，但当你处于其中时，突然感到很惊讶，并问自己这一切是如何发生的。”我被吸引了，突然从绿色躺椅上进入了秘鲁的巴尔沙森林，融入信风中，走入南太平洋诸岛。用绳子把木筏绑在一起，让它横渡太平洋的想法成为我生命中的指路明灯，就像爱因斯坦童年时期第一次接触的磁场指引了他的生命一样。

读了这本书之后，我开始了捆绑练习，一开始把奥本海默家篱笆旁的竹子捆绑在一起建了一座塔，自此之后再也没有停过。16 岁离开普林斯顿大学之后，我住在加拿大不列颠哥伦比亚省海岸的道格拉斯冷杉上一个约 30 米高的树屋里，在那里开始研究和建造阿留申人的独木舟（俄罗斯人称其为 baidarkas），他们曾将世界上一些最精巧的船只捆绑在一起。虽然我想尽可能地远离普林斯顿大学和高等研究院，但最终还是从事了与科学和历史相关的工作，并以自己的方式重塑了弗莱克斯纳关于那片森林中的知识分子天堂的愿景。

杜卡斯预想到这一切了吗？她对个人、家庭和兄弟姐妹的判断非常敏锐，她也感知到我将会活在父亲和姐姐（我姐姐的成就比我父亲的更难效仿）的阴影之中，除非我能离开，并做一些完全不同的事，比如在不列颠哥伦比亚省的森林中建造阿留申独木舟。在阅读了《康提基号》一书几年之后，我在位于巴特路的家中卧室里建造了人生第一艘独木舟，然后将它放进了高等研究院摇摆桥附近的作为特拉华州州界的拉里坦运河中。之后不久，我就离开了普林斯顿，要过很久才会返回，在此期间我将会划很多次独木舟。

正如杜卡斯只通过一本合适的书就改变了我的人生轨迹，我相信她也通过一系列微妙的暗示指引了爱因斯坦的生活。日复一日，她或许对他例行公事地说“读这个”，或者“我认为我们应该回复这封信”（同时丢弃其他信），言行中隐藏着她对爱因斯坦在世界上的地位的深刻理解。她让爱因斯坦成为爱因斯坦。她的直觉就像磁铁指南针一样准确无误、直截了当，而爱因斯坦需要这个。

在读了《康提基号》一书20年之后，我在杜卡斯去世的两年前见了她最后一面。很多年过去了，那是我第一次回到普林斯顿，此前我刚去了阿拉斯加东南部和不列颠哥伦比亚省沿海，历时4个月，带着和一群朋友建造的6艘三舱贝达卡船队回溯了18世纪俄罗斯和阿留申海獭猎人的路线。这是我的“托尔·海尔达尔”时期。我受邀前往普林斯顿高等研究院新社科大楼的圆形报告厅做一场演讲，这个报告厅是富尔德厅周围新建立的几座现代建筑中的第一座。杜卡斯和爱因斯坦的继女玛戈·爱因斯坦就坐在前排听我的讲座。我想知道杜卡斯是否注意到，我们的旅途并没有携带指南针，而是凭直觉在海岸线上航行，就像她在没有数据库的情况下畅游爱因斯坦的档案馆一样，就像孩子们在高等研究院的森林里玩耍一样。她还记得她曾给了我那本海尔达尔的书吗？

我们的独木舟有扇形的顺风帆，以捕获内海航道的东南风和西风，就像“康提基号”捕获了南太平洋信风一样。演讲幻灯片展示了这次航行的最新进展，我第一次乘坐我的独木舟穿过高等研究院的森林到达特拉华州和拉里坦运河，打算尽可能远离普林斯顿及那些物理学家。

杜卡斯和玛戈在演讲结束之后来到我跟前。虽然年华老去，但是她俩的本心未曾改变。玛戈的眼中仍旧闪烁着智慧的光芒，和我童年记忆中的一样。她告诉我："希望爱因斯坦叔叔能看到这一切。"杜卡斯可能一直都知道，但我从未想过自己能听到这句话。

07 MY EINSTEIN

A Walk down Mercer Street
我和爱因斯坦在科学上离得最近的一次

数学家，“小世界网络”理论提出者 | **史蒂文·斯托加茨**（Steven Strogatz）

康奈尔大学应用数学中心和理论与应用力学系教授。

1998 年，他与邓肯·沃茨 (Duncan Watts) 在《自然》杂志上发表的题为《小世界网络的集体动力学》的论文，将“小世界网络”首次带到世人面前。他因为杰出的教学和研究而获得许多重要奖项，包括麻省理工学院的最高教学奖、埃弗雷特·摩尔·贝克本科教育卓越奖以及美国国家科学基金会授予的总统青年研究员奖。

代表作有《同步》（*Sync*）、《微积分的人生哲学》（*The Calculus of Friendship*），其中《同步》被《发现》杂志评选为 2003 年最佳图书。

爱因斯坦的错误并没有影响他在我心中的地位。如果真有什么影响，那就是错误使他看上去更可接近了，甚至更可爱了。

—— 史蒂文·斯托加茨

MY EINSTEIN

我仍然记得，至少我相信自己记得第一次知道爱因斯坦这个人时的情景。那是我在康涅狄格州托灵顿的北方学校上二年级的时候，我们的老师克劳斯顿夫人每周都会带所有人去学校图书馆，让每人选一本书。而每一次，我都会从书架上拿同一本书——《原子能的方式和原理之书》(*The How and Why Book of Atomic Energy*)。

虽然图书馆不允许将书带出去，但通过多次重读这本书，我设法记住了最喜欢的段落。妈妈保存的学校作业的档案袋里藏着一张泛黄的薄纸，上面有着蓝色的间隔线，这就是我的第一篇论文。

在开始写作这篇文章时，我找了一下那篇论文，它在阁楼的一个盒子里，深藏在一个文件夹里。论文左上角有一个注释，妈妈用花式字体写着："史蒂文，7 岁，1967 年 4 月。"接着，第一行蓝线上方用大大的黑体字写着"The Atom Bomb"（原子弹）。“Bomb”一词“m”的上方还画着一朵蘑菇云，字母“B、o、m”的字体是一种可怕、弯弯曲曲的常用在恐怖电影海报上的字体，但因为某种原因，我忘了把最后的“b”用弯弯曲曲的字体写出来，然后，我用更浅、更小的字体写了三行字：

> 爱因斯坦发明了原子弹。
> 一颗原子弹可以炸飞半个罗德岛！
> 爱因斯坦的理论是 $E=mc^2$。

最后是四个空行和一个带括号的标题——“（原子弹的图片）”，一个箭头指向看起来像鱼雷的画，上面还用铅笔画了一顶鲜红色的帽子。

在这张纸的反面，我似乎在尝试写一本书，书名是《原子能的科学》，接着是一些叙述，“原子加速器分裂原子的速度非常快，差不多是眨 1/300 000 次眼的时间！”然后是一系列放射性元素“钚镎镭铀钴锶氚”——这显然是靠默写的，因为有些单词拼写错了。

父母的朋友发现了这些令人捧腹的“著作”。“你长大后想做什么？”他们问我。“核物理学家。”我答道。而我总是得到这样的回复：“天哪，我都不敢这样说！”

那个时候，爱因斯坦对于我来说是一件武器，更确切地说，是一种炫耀的方式。我知道所有人都认为他很聪明，而且可能是全世界最聪明的人，因此如果我想成为像他一样的人，这就证明我也很聪明。这种想法是不是太过偏激了？是不是对7岁的自己不公平？可能吧。但是我真的热爱科学，并且阅读了有关闪电或恐龙的百科全书和相关科普书。**爱因斯坦对于我来说象征着这一切。**

有句老话说："三岁看大，七岁看老。"回首我的人生轨迹，它的变动非常小，我为此感到无比震惊。在写完第一篇论文7年之后，14岁的我迷上了爱因斯坦，而且迷恋到英雄崇拜的地步。我不记得究竟是为什么，但我确切记得他让我感到很亲切，尤其是他对宇宙的敬畏感。

那些年我非常珍视的人物传记《阿尔伯特·爱因斯坦：创造者和反叛者》（*Albert Einstein: Creator and Rebel*）一书开头，作者贝尼什·霍夫曼（Banesh Hoffman）引用了爱因斯坦常常提到的一个故事。这是一个关于一名四五岁的男孩遇到神秘的指南针的故事：

> 在自传中，年迈的爱因斯坦生动地回忆起多年前令他不知所措的惊奇一幕：一根针，孤立无援，完全封闭，然而一种无形的力控制了它，使得它坚定地指向北方。别介意，磁针并不比指向地面的钟摆更美妙，它们同样美妙。它嘲弄了他早期对有序物理世界的简单描

绘。他还写道：“我仍然记得，至少我相信自己记得，这段经历给我留下了深刻而持久的印象。”

今天再阅读这些文字，我很难想起 14 岁时的感受。单单提到钟摆就让我着迷。就在前一年，当我将数学定律与钟摆的运动联系起来时，我对于宇宙呈现出的和谐有了顿悟。一想到我感受到了爱因斯坦所感受到的，我就激动不已。对崇高事物的共同体验，突然瞥见一个看不见的世界，所有这些都让我感到与他亲近。

那么事实是这样吗？记忆可靠吗？看看爱因斯坦本人在引言中是如何公开地与记忆的奥秘做斗争的。如果这段经历对爱因斯坦具有如此“深刻而持久”的影响力，霍夫曼问道，为什么爱因斯坦如此没有把握呢（“至少我相信自己记得”）？也许因为他总是探索所有事情的真相，这种自相矛盾的措辞证明了一个关于记忆的基本真相，即它不可能将生动性和脆弱性结合起来。现在，当我试图回忆很久以前的事情时，同样的紧张情绪也折磨着我。这也是我为什么选择借用爱因斯坦的措辞作为这篇文章的开头。

在接下来几年的高中生活里，我阅读了所有能找到的关于物理和数学的书，从群论和相对论等高级概念的通俗论述到科学史和科学哲学，我都看了。我常常蜷缩在高中图书馆的一张柔软的大椅子上，地上铺着焦橙色的地毯，周围的内饰也是焦橙色的。一本名为《数学世界》（*The World of Mathematics*）的论文汇编集吸引了我，这是由庞加莱、牛顿和伯特兰·罗素等天才所著的四卷重印文章集。当时的我犹如身处天堂。同时，我也在继续阅读关于爱因斯坦的书。我喜欢他的纯朴和独立思考的决心，以及与他的前辈相抗衡的决心。我尤其钦佩他的自信。有人问他，如果亚瑟·爱丁顿的日食观测没有证明他基于广义相对论的预测，即光在经过太阳时会因引力而弯曲，他会有何感想，据说爱因斯坦是这样回答的："我会为亲爱的上帝感到抱歉，理论是正确的。"

诚然，在我生命的这个阶段里，我无法深入理解爱因斯坦的科学思想。不过，这可能并不是什么大问题。**我更关心他的其他方面，比如如何成为一名科学家，如何感受上帝、权威、宇宙奇迹，如何斗争，如何坚持自己的想法，如何信任自己的直觉，以及如何承认自己的错误。**

我最喜欢的故事是爱因斯坦和玻尔在 1930 年的索尔维会议上的史诗级辩论。当时爱因斯坦提出了一个思想实验，似乎驳斥了沃纳·海森堡的不确定性原理。每个人都被反驳得无言以对，包括海森堡。之后，玻尔英雄般地拯救了这一切。他彻夜琢磨了这一悖论，第二天带着答案大步前来——爱因斯坦忽略了某些东西，他忘了应用自己的法宝，这是一个奇怪的理论，即时钟在通过引力场时以不同的速度运行。正确应用这一理论后，海森堡不确定性原理得以保全。爱因斯坦被自己的"炸药包"给炸飞了。

爱因斯坦的错误并没有影响他在我心中的地位。如果真有什

么影响，那就是错误使他看上去更可接近了，甚至更可爱了。他曾在写给一名学生的信中说，“不要担心你在数学上面临的困难，我能向你保证，我面临的困难更难以解决”。他并没有虚伪地谦虚。当然了，他在数学上确实有天赋，但对于很多难题，他也不知道如何回答，而且学习和理解也十分困难。所有这些都消解了我青少年时期的不安。

虽然爱因斯坦的这类故事十分有趣，但这并没有让我的内心得到满足。我想了解他真实的想法，想一步步地追寻他的数学逻辑。不过，这意味着我必须学很多数学知识。

有一晚，我跟科学老师迪库尔西奥说，我曾在某个地方看到过这样一个小故事。爱因斯坦还是一名年轻的学生时被麦克斯韦电磁方程组迷住了。所以，我等不及想知道足够多的数学知识，以便理解他们在讨论什么。这是一所寄宿学校，我们碰巧在一次家庭晚餐上相聚，围在同一张大桌子上的还有其他几名学生、迪库尔西奥先生的妻子和两个女儿，而他为我们端来了土豆泥。就在我说希望有一天能看看麦克斯韦方程组时，他放下土豆泥，带着顽皮的笑容说道：“你想现在就看看吗？”不等我回答，他就拿起附近的一张餐巾纸，开始写起了神秘的符号：点、十字、上下颠倒的三角形、字母 E 和 B。很快，他似乎用方言说：“旋度的旋度等于散度的梯度减去该向量场的拉普拉斯……从这里，我们能够得到波动方程……现在我们就能解释什么是光。”无论是方程本身还是他对方程的掌握，都令我无比敬畏。在那之前，他是我的老师、网球教练、朋友兼导师，但在那天的晚餐上，他展示了自己的另一面。迪库尔西奥先生非常了解麦克斯韦方程组。我确定自己能从这个人身上学到无限的东西。事实上，有了他的帮助，我在接下来的两年里学会了足够多的数学和物理知识，并能够初步理解麦克斯韦方程组。

后来，我去了普林斯顿，爱因斯坦在那里度过了人生的最后20年。刚到的那几天，我就组织了一次朝圣之旅，前往爱因斯坦位于美世街112号的家。我说服了一些新生一起去。我们漫步在普林斯顿住宅区绿树成荫的后街，最终停在一座朴素的白色房子前，房子有着黑色的百叶窗和一个小小的门廊。我紧张地迈上门廊的台阶，按响了门铃。一位面无表情的老妇人回应了。我说明我们是慕名而来，并且表达了自己对他有多钦佩。

“这里是私人住宅。”她答道，r的发音带有明显的喉音。

“我能进去看一下吗，就一会儿？”我问道。

“这里是私人住宅。”老妇人礼貌但坚定地将我们拒之门外。之后我才意识到，她就是海伦·杜卡斯，爱因斯坦的长期助手和秘书。

尽管有这样的波折，但逛一逛爱因斯坦曾居住的社区也是一次令人兴奋的经历。不过当时更重要的是，我终于准备好理解他的科学研究了，即使只是最基本的形式。关键时刻出现在春季学期，电学和磁学入门课程讲到了麦克斯韦方程组。我们用的教材《电磁学》（*Electricity and Magnetism*）由哈佛大学物理学家爱德华·珀塞尔（Edward Purcell）编写，这本书启发了我。它的编排优美、精巧、有趣，最好的一点是，它并非只是陈列事实，而是教导你像一名物理学家一样思考。例如，珀塞尔在某处提到，一个电子对另一个电子的排斥力必然位于它们之间的那条线上。我之前听说过这个事实，总是认为这是显而易见的，但珀塞尔以一种深奥的方式重新解释了它。他认为这源于空间的各向同性，事实上，空间中没有天然的首选方向。他的论证是，假设两个电子孤立地存在于宇宙中，那么只会出现一个方向，也就是它们两者之间的连线，因此力只会作用在这条线上。换句话说，空间本身的对称性深深扎根于电斥力定律中。

然而，这不是关键时刻。关键时刻会晚一些到来，出现在珀塞尔提出电流围绕长线圈循环的问题时。在那堂课上，我们学习了电，但还没有学习磁。珀塞尔给出了一个奇妙的论点，他观察了两个位于不同参考系的移动电子。通过引用洛伦兹收缩理论（爱因斯坦狭义相对论的核心结论之一，我们在秋季学期已经学习过了），珀塞尔表明，当在合适的参考系中进行观察时，安德烈·安培（André Ampère）的磁定律遵循电定律。用更直白的话来说，电和磁并非两种不同的事物，而是同一事物的两个方面。只有当你知道相对论时，才能看到这种了不起的统一。

之后我开始意识到，珀塞尔的见解实际上就是爱因斯坦的见解。相对论的诞生源自爱因斯坦想要将电定律、磁定律、牛顿运动定律统一起来的尝试。这意味着需要对我们关于空间和时间的想法进行彻底的重新表述。修改过后的表述现已纳入了狭义相对论。

这是我和爱因斯坦在科学上离得最近的一次。我从未成为一名核物理学家，甚至连物理学家都不是，尽管我的大部分科学论文都发表在物理学期刊上。某天，我突然理解了 DNA 双螺旋结构的重要性，便改变了研究方向。我开始了毕生的追求，将数学思想应用于生物学、社会科学和其他复杂系统出现的领域。尽管如此，我还是无法完全摆脱爱因斯坦的“引力”。当我了解到科学家称之为噪声的不稳定波动时，他就在那里，带着他早期对布朗运动和随机微积分理论做出的贡献。当我研究巨大的系统如何自发同步时，他又一次出现了，带着他关于受激发射（最终导致激光）的想法或关于名为玻色子的粒子的奇怪统计数据[①]。我对大自然了解得越多，对他的了解就越多。

① 这是超流体、超导体和玻色-爱因斯坦凝聚体理论的基础。——史蒂文·斯托加茨注

08 MY EINSTEIN

Einstein and Absolute Reality
爱因斯坦和绝对现实

诺贝尔物理学奖得主，实验物理学家 | **安东·蔡林格（Anton Zeilinger）**

诺贝尔物理学奖得主，奥地利量子物理学家。维也纳大学实验物理学名誉教授，奥地利科学院量子光学与量子信息研究所资深科学家。

蔡林格与其他两人因在纠缠光子实验、建立贝尔不等式的反例和开创量子信息科学方面的工作共同获得了 2022 年诺贝尔物理学奖。他还因为在量子物理学基础上开创性的概念和实验贡献获得了伦敦物理研究所的首届艾萨克·牛顿奖章，这些贡献已成为快速发展的量子信息领域的基石”。

代表作有与他人合著的《量子信息理论物理学》(*The Physics of Quantum Information Theory*）和《量子（不）可说》[*Quantum (Un) speakables*]。

也许某一天爱因斯坦的光子可以在赌场发挥作用。

——安东·蔡林格

MY EINSTEIN

和其他许多人一样，我在很小的时候就对爱因斯坦非常着迷。当我在高中时听到迈克尔逊－莫雷实验证伪了光传输的假定介质以太的存在，并了解到爱因斯坦通过狭义相对论解开以太不存在的谜团时，我的志向改变了。我决定成为一名物理学家。我仍然记得一个周日的下午，我和我父亲、姐姐在维也纳的莱恩茨动物园[①]徒步时，我突然理解了相关争论是怎么回事。我感到无比震惊：宇宙怎么会如此奇怪？无论我作为观测者移动得有多快，或者光源移动得有多快，光速竟然都是一样的！

然而，真正令人震惊的是隐藏在这一争论背后的想法：只接受可测量的、可观察的对象作为物理概念。时间虽然是可以通过时钟测量的，但当你在移动时，你无法得知你的时钟是比静止的时钟走得更快还是更慢。因此，相对于彼此处于不同运动状态的

① 一个自然保护区，曾经是哈布斯堡家族的狩猎场。——安东·蔡林格注

时钟，没有理由在时间层面保持一致，这种不同竟然被爱因斯坦的狭义相对论预测到了。

几年后，我了解到，爱因斯坦的观点可以被视为奥地利哲学家、物理学家恩斯特·马赫所提出的一般原则的一个特例，指物理学中的任何陈述都必须是关于可观测量之间关系的陈述。因此，正如看时钟时不能说它在绝对尺度上走得慢还是快，正如牛顿在 17 世纪所假设的那样，绝对时间并不存在。人们只能这样陈述，不同时钟相对于彼此的运行速度有多快，取决于它们相对于彼此是在移动还是静止。因此，绝对时间的概念毫无意义，除非有方法可以观测到绝对移动。既然后者不可能实现，那么前者也就无法存在。

对于我来说，马赫的一般原则对所有物理学来说都是必不可少的。无论是物理还是其他所有科学，都不应该对甚至是间接观测都无法观测到的事物做出陈述，它应该只说明不同的观察结果之间如何相互关联。在成为物理系的学生很长时间后，我惊讶地发现爱因斯坦没有将这种（在我看来是属于他自己的）基本方法应用到量子物理学中，这种方法在他的相对论工作中曾发挥重要作用。他没有接受可以通过观测验证的概念，而是坚持在观测之前并独立于观测的现实。

我很晚才学习了量子物理学，而且没有在课堂上学习过量子物理学或量子理论。我所在的那个时代，也就是 20 世纪 60 年代，维也纳大学的物理课程设置非常随意，就算没有学士或硕士学位，你也可以直接读博士学位。最后会有一场漫长的考试，你必须有相关的物理知识储备，至于你是从哪里学到的知识则无关紧要。为了应付那场考试，我学习了量子物理学，但只是从书本上学的。我不知道这是不是一种优势。很快我便爱上了量子物理学，因为它那浩瀚的数学之美。此外，我也感到了某些东西的缺失。在书本中，很少有关于量子理论引发的基本哲学问题的讨论。

几年后的 1976 年，在美丽的西西里埃里塞村举行的一次会议上，我的人生再一次发生改变，当时我已经开始了与爱因斯坦理论相关的研究。这场会议被称为“物理智库”，由约翰·斯图尔特·贝尔（John Stewart Bell）和伯纳德·德斯帕尼亚（Bernard d’Espagnat）组织举办，目的是讨论量子物理学的基础。在那里，我第一次听说了爱因斯坦－波多尔斯基－罗森悖论（EPR paradox，以下简称“EPR”）。会上有关于现实、隐变量、纠缠的演讲，引发了激烈的哲学争执，而我对此一无所知，大脑天旋地转。这一切对我来说都太新鲜了，我的兴趣被彻底点燃了。

当我终于读到了 1935 年发表的 EPR 论文时[①]，我完全没看

① 指爱因斯坦、波多尔斯基、罗森合作发表的论文《量子力学对物理实在的描述可以被认为是完备的吗？》（*Can Quantum-Mechanical Description of Physical Reality Be Considered Complete?*）。——编者注

懂，即使读了一遍又一遍也没懂，这篇论文引入了纠缠。现在我知道，论文中至少有两个问题。第一个问题是论文的写法相当复杂。爱因斯坦在同年写给薛定谔的一封信中也遗憾地表示，该论文的主要观点隐藏在太多知识之后。对于第二个问题，所有现代物理学家在阅读这篇论文时都有可能会遇到，即只有先摆脱所有的量子本能才能理解它。如果你已经对量子物理学的工作方式习以为常，那么就需要付出很多努力才能理解 EPR 推理。无论如何，我开始意识到粒子之间的纠缠现象对我们珍视的现实概念构成了挑战。

爱因斯坦关于量子物理学的观点经常被误解。他深刻的洞察力是值得称赞的，即使他的观点最终被证明是错的。他理应得到赞扬，因为他指出了量子物理学如何与我们关于世界运作方式的根深蒂固的看法发生冲突的重要概念。他提出的问题激发了许多实验，这些实验为新的信息技术奠定了基础，这些技术涉及量子密码学、量子通信和量子计算机等概念。

虽然我很早前就知道爱因斯坦是一位现实主义者，有些人甚至称他为顽固的现实主义者，但直到最近，我才发现他在职业生涯早期对光子的观点是多么现实主义，正如他在 1905 年发表的著名论文《关于光的产生和转化的启发式观点》中所述的。论文中关于光子的观点并不广为人知。这篇论文常被视作光子理论的起点[①]，因为爱因斯坦在其中谈到了光量子。

关于1905年的这篇论文，需要纠正一个普遍存在的误解。通常的观点认为，爱因斯坦通过对光电效应的分析提出了光子的想法。实际上，他所用的方法要微妙得多——将限制在一定体积内的气体的熵与5年前马克斯·普朗克推导出的空腔内的辐射熵进行比较（熵是系统无序程度的度量）。理想气体中的熵很容易被理解。根据路德维希·玻尔兹曼（Ludwig Boltzmann）所说，熵由在一定体积内找到气体粒子的概率得出，气体越致密，原子必须填充的体积就越小，熵也就越低。爱因斯坦之后观测到，如果空腔内的是辐射，熵也会以相同的方式随体积变化。因此，爱因斯坦通过类推认定空腔内的辐射也必须由粒子组成，他称之为光量子。直到那时，爱因斯坦才用这个想法分析了光电效应，并发现了与实验观测一致的地方。

爱因斯坦做了一个极端现实假设，他说："从一个点源发出的光线的能量不是连续分布在一个不断扩大的空间中的，而是由有限数量的能量量子组成的，这些能量量子位于空间中的点上，它们在移动中不会分裂。"现在我们知道，将任何东西定位在空间中的想法是错误的，而对于光来说，这在理论上是不可能的。我们已经知道，在量子物理学中，我们应该只将那些特征归因于

① "光子"这个名称出现得要晚很多，1926年由美国化学家吉尔伯特·刘易斯（Gilbert N.Lewis）命名。——安东·蔡林格注

在实验中实际观测到的系统。

诺贝尔奖委员会因 1905 年那篇关于光子的论文而非相对论授予爱因斯坦诺贝尔奖，这一点常被认为是短视的。不过很明显的一点是，爱因斯坦本人非常清楚这篇论文的特殊性。在一封给朋友康拉德·哈比希特（Conrad Habicht）的信中，他提到这篇论文“涉及辐射和光的能量特性，非常具有革命性”。他还提到了自己在奇迹年发表的其他论文，比如关于狭义相对论的论文和关于原子与布朗运动的论文，不过他并未用革命性来形容这些内容。因此，诺贝尔奖委员会因这篇论文而授予他诺贝尔奖，似乎是因为他自己认为这一篇最具革命性。

爱因斯坦对量子理论的批评经常被认为是由于缺乏理解。然而事实恰好相反。在我看来，他的批评源于他非常清楚地认识到新理论将会对物理学界产生的巨大影响。爱因斯坦很早就开始担忧量子概念的影响。令我印象深刻的是，早在 1909 年，他就表达了对随机性或偶然性在量子物理学中所扮演的角色的不满，这一角色远远超出了基于经典物理学和日常生活可理解的范围。更值得注意的是，直到 1925 年至 1926 年，海森堡和薛定谔才发展出完整的量子理论。

不考虑琐碎的例外，量子物理学只做概率预测的发现无疑是科学中最深刻的哲学发现之一。毕竟，几个世纪以来的科学研究挖掘的一直是因果关系。在沿着因果链深耕了几个世纪之后，我们终于停了下来。单独的量子事件会偶然发生。这里面没有潜在的原因，也没有潜在的理由。然而，基本的随机性对于我们来说是无法接受的。任何时候只要发生了某些事，甚至只要一有事发生，我们总是会寻根究底，探究为什么是这样发生而不是那样发生，在找到原因之前我们永不放弃，只有找到原因才会安心，无论原因是多难以置信。而现在，量子物理学突然告诉我们，有时事情的发生没有任何特殊理由，它就那么发生了。爱因斯坦对此深受困扰。据说他曾经声明，如果这种随机性仍然存在，他宁愿在赌场工作，也不愿成为物理学家。然而，非常有趣的是，基于光子在分束器后所走路径的随机性，我们今天可以制造出随机数发生器，它产生的随机数序列比任何算法或任何经典物理设备所产生的都更随机，也许某一天爱因斯坦的光子可以在赌场发挥作用。

我前面提到，爱因斯坦本人对 EPR 论文的写作方式持保留态度。对于我来说，爱因斯坦的《自传注记》更好地解释了纠缠问题，该书于 1949 年发表在保罗·席尔普的精美论文集中，论文集题为《阿尔伯特·爱因斯坦：哲学家、科学家》。从过去某个时间相互作用的两个粒子开始，如果有一组测量，两个粒子的测量结果将完全相关。举例来说，如果我们测量了粒子 1 的位置，便能精确地知道粒子 2 的位置；如果我们测量了粒子 1 的动量，便能精确地知道粒子 2 的动量。因此，在量子力学层面，我们必须在测量了粒子 1 之后为粒子 2 分配一个不同的量子态。第一种情况是位置确定的状态，第二种情况是动量确定的状态。

爱因斯坦的观点是，“系统 S2 的真实情况与我们对系统 S1 所做的事情无关，系统 S1 在空间上与前者是分开的”。之后他又争论说，由于我们根据对系统 S1 的特定测量将两个不同的量子态分配给了系统 S2，因此量子态不能完整地描述“真实的情况”。

这种推理无懈可击，只要我们像爱因斯坦那样假设，考虑“真实的情况”本身是有意义的，也就是说，独立于观察。然而，我们真的要做这样的假设吗？在我看来，这种立场不能以非实践性的方式证明，也就是说，如果没有实验观测，就无法定义现实。

最有趣的是，实验研究量子物理学的基础为信息技术的新概念奠定了基础。例如，客观随机性与纠缠的结合是两个现代概念的核心：爱科特协议类型的量子密码学和量子通信。在基于纠缠的量子密码学中，两名参与者（通常称之为爱丽丝和鲍勃）共享一堆纠缠的粒子对（通常是光子）。只要爱丽丝测量她的光子，就会产生两个正交偏振中的一个，而鲍勃的光子会立即产生同样的偏振。纠缠保证了爱丽丝和鲍勃获得了同样的随机结果。如果他们共享了很多对粒子，就能获得一长串的随机数序列，用来作为编码秘密信息的密钥。除了提供随机序列，独立事件的随机性也能保证任何窃听者都能被发现。

在量子通信中，纠缠具有双重应用。首先，预设爱丽丝和鲍勃希望传输一个光子，且他们共享一对备用的纠缠光子。然后，爱丽丝将原始光子，也就是她希望传送其状态的光子，与她的备用光子对中的成员纠缠在一起。这一纠缠可以立刻将爱丽丝的原始光子所携带的信息传送给鲍勃的备用光子对的成员。这一过程表明，信息传递速度比光速还要快，因此推翻了爱因斯坦的相对论。幸运的是，量子随机性可以拯救这一切。爱丽丝永远不能——至少在原则上不能——制造一种能够迫使她的两个光子进入特定纠缠状态的装置。另外，存在 4 种可能的纠缠态，但究竟会得到哪种结果，她也无法干涉。这再一次完善了量子随机性。根据爱丽丝所能获得的特定纠缠态，鲍勃必须以特定方式旋转自己的粒子才能获得原始光子。只要他没有得到爱丽丝的结果（它不可能比光速还快），就无法从自己的光子中获得任何信息。

如果可以知道爱因斯坦了解当今量子物理学的发展情况后的反应一定会很有趣。虽然他肯定会为自己的光子以他那个时代无法想象的方式得到应用而感到高兴，但随之而来的哲学和概念问题只会变得更加紧迫。我们现在知道，独立事件，至少那些微观尺度上的独立事件，真的是随机的。量子纠缠现象告诉我，量子力学并不像爱因斯坦所希望的那样完备。

如今，随着“存在于观测之前且独立于观测的现实”的想法越来越站不住脚，将这样的概念永远留在我们身后可能是有益的。毕竟，不观测就无法了解任何关于现实的东西，而永远超出我们观测范围之外的有关现实的概念是没有任何意义的。我们是否有独立于观测之外的现实存在的线索呢？我认为这种现实最强烈的特征将是，可能不受我们的任何影响但仍然可以被观测到的东西。我们注意到，这样的东西确实存在。它就是单个量子的测量结果。它是完全随机的，因此超出了我们的影响范围。正是爱因斯坦非常讨厌的随机性成了一种对他如此珍视的独立现实的强烈暗示。不过，在没有明确提及观测行为的情况下谈论现实是没有意义的。爱因斯坦肯定不喜欢这种关于现实的奇怪概念。

09 MY EINSTEIN

Albert Einstein: A Scientific Reactionary
我希望我能“取代”爱因斯坦

数学物理学家，宇宙学家，人择原理提出者 | **弗兰克·蒂普勒**（Frank Tipler）

杜兰大学数学物理系教授，以蒂普勒圆柱体时间机器的理论而闻名。

他与著名物理学家约翰·巴罗在 1986 年出版的《人择宇宙学原理》（*The Anthropic Cosmological Principle*）一书中定义了人择原理。而在代表作《不朽的物理学》（*The Physics of Immortality*）中，他阐述了“物理末世论”。

伟大的爱因斯坦、20 世纪最著名的物理学家，是一位科学激进分子！

—— 弗兰克 · 蒂普勒

MY EINSTEIN

我从小在亚拉巴马州的乡村长大，只知道两位科学家：爱因斯坦和沃纳·冯·布劳恩（Wernher von Braun）。这两位移民是德裔美国人，一位是犹太人，另一位是德国党卫军军官。不过在20世纪50年代的亚拉巴马州，没有任何媒体提及这两位科学家的政治立场或民族背景，人们谈论的只有他们的科学成就——相对论和火箭科学。冯·布劳恩比爱因斯坦受欢迎得多，因为冯·布劳恩是亚拉巴马州人，定居在亨茨维尔，是美国陆军在红石兵工厂开发小组的负责人。亚拉巴马州之前从未因为科学家而出名过。唯一一位出名的本土物理学家是加速器设计者罗伯特·范德格拉夫（Robert Van de Graaff）。受到冯·布劳恩研究成果的激励，我在5岁时便立志成为太空飞船的发明者。7岁时，我给冯·布劳恩写了一封信，而他（准确地说是他的办公室，我相信他从来没有为孩子们粉丝的来信而苦恼）回寄了我一张火箭（“朱庇特号”C型火箭的早期版本）的照片和他的半身照。这两张照片都装在我祖母为此送给我的银色相框里，放在了我床边显眼的位置。

在文法学校读书期间，我做了冯·布劳恩空间站、多级轨道火箭和绕月火箭的模型，将它们挂在房间的天花板上。这些模型在20世纪50年代时很常见，因为华特·迪士尼基于冯·布劳恩的早期想法制作了几集周播电视节目《明日世界》（*Tomorrowland*）。我还组织了一个天文学俱乐部，和成员一起讨论各种想法。我开始阅读基础物理学的教材，当内容变得太难时（这一时刻来得相当迅速），我就到公共图书馆借阅科幻小说。通常我借的是太空旅行题材的小说，主要内容是借助化学火箭进行星际太空旅行，比如《汤姆·斯威夫特和他的火箭船》（*Tom Swift and His Rocket Ship*），这是一个令人难忘的书名，还有些书是讲到恒星上旅行的。很快我的志向就变成了超越冯·布劳恩，他会完善星际火箭，而我将致力于完善星际载人飞船。

在高中时，我读了罗伯特·海因莱因（Robert Heinlein）的《探星时代》（*Time for the Stars*），意识到爱因斯坦的相对论是星际旅行的巨大障碍。海因莱因的故事强调光速的限制，没有东西的速度能比光更快。而他的解决方案只是简单地假设未来某些物理学家将会发现能够取代相对论的全新理论，在这种新理论中，光速是可以被超越的。这看起来似乎是可信的，毕竟爱因斯坦的理论取代了牛顿的理论，那么为何爱因斯坦的理论不能被某个教授的理论取代呢？在内心深处，我希望这个“教授”会是我。

我从海因莱因的书中得知，麻省理工学院是接受物理学教育最好的地方。如果我想找到一种能够绕过光速障碍的方法，当然需要接受最好的物理学教育。所以，我成功地申请了麻省理工学院，这可能并非我自身十分优秀，而是因为我来自亚拉巴马州。很少有南方人申请麻省理工学院，而学校招生处想招收一些东北地区之外的学生。

麻省理工学院粗暴地唤醒了我。我不仅学了物理数学，还看到了大量相对论的实验数据，特别是关于光速不可超越的数据。如果不是物理学专业的同学在我大二时找出了逻辑学家库尔特·哥德尔（Kurt Gödel）的论文，我会绝望地放弃星际飞行的梦想。

哥德尔是爱因斯坦在普林斯顿高等研究院的密友，他的论文引起了一场革命。他利用爱因斯坦的广义相对论提出了一种能够绕过光速屏障的方式。相对论可以用来打败相对论！哥德尔找到了爱因斯坦方程的新解，这种解描绘了一种旋转的宇宙。哥德尔认为，在这样的宇宙中，如果火箭沿着特定的轨迹穿梭，就有可能在时间的封闭路径中旅行。也就是说，通过哥德尔路径，可以旅行到达远距离的恒星并返回地球，这需要花费数千年时间。换句话说，一个人可以在离开地球不久后返回地球。实际上，在哥德尔设想的宇宙中，超越光速是有可能实现的，但星际飞船在当前的宇宙还没法超过光速，因此这并未解决爱因斯坦的光速屏障问题。在得知哥德尔的论文后不久，我读到了一篇爱因斯坦评论哥德尔旋转宇宙的论文。爱因斯坦写到，哥德尔的数学无可挑剔，当他在发展广义相对论时，他（爱因斯坦）对哥德尔提出的可能性感到好奇，而旋转宇宙是否存在或者它是否有可能存在只能通过实验来确定。

大二时，我虽然没完全理解哥德尔的论文，但已经意识到，若想实现星际旅行的目标，必须成为一名爱因斯坦广义相对论研究专家。我还意识到，若想成为科学界的激进分子，就必须保守。也就是说，物理学的革命不是通过故意推翻已知的物理学理论来实现的，而是通过深入思考我们相信的物理学理论的完整含义。于是，我致力于研究哥德尔想法背后的深层含义。在广义相对论中，超光速效应与旋转有关。如果宇宙并未旋转，我们当然不可能让它旋转起来。不过我想知道，小一些的旋转体会不会表现出类似的效应。我在麻省理工学院读大三的那年，斯蒂芬·霍金和罗杰·彭罗斯发表了他们的奇点定理，这些定理是使用旨在分析哥德尔宇宙奇怪的时间特性的技术来证明的。我必须掌握这些技术，于是开始学习爱因斯坦的广义相对论。

我也开始学习爱因斯坦的物理学习方式和研究策略。尤其是，我想知道是什么促使爱因斯坦得出了狭义相对论。最后我发现，答案就在他的《自传注记》一书中。爱因斯坦写道，16 岁时他就意识到詹姆斯·麦克斯韦的电磁辐射理论和牛顿的粒子力学之间存在矛盾，这是 19 世纪的两大基础理论。根据麦克斯韦的理论，光是电磁辐射的一种形式，一种波动形式，靠近海岸的海浪是我们最熟悉的波动形式。根据牛顿的粒子力学，物体以任何速度移动都是可能的。因此，爱因斯坦假设自己沿着光波以光速移动，再假设冲浪者以海浪的速度移动——这似乎是一个更合理的设想。当冲浪者站在波浪顶部来看时，波浪似乎是静止的。因此，爱因斯坦推测，如果他沿着光波以光速移动，光之于他应该是静止的，就如同海浪之于冲浪者是静止的。从数学上来讲，这意味着描述这个驻波的麦克斯韦方程组应该有一个解，就如同对于冲浪者的静止波来说，其水波方程是有解的。

然而，就像爱因斯坦意识到的那样，麦克斯韦方程组没有这样的静止解。正如爱因斯坦在《自传注记》一书中写的：“我应该把这样一束光当作静止的空间振荡电磁场来观察。然而，似乎没有这样的东西，无论是基于经验还是根据麦克斯韦方程组。”这些方程组似乎暗示，像光波一样快速移动是不可能的，而牛顿力学则认为以光速移动是可能的。少年时的爱因斯坦就这样发现了两个理论之间的根本矛盾。要么麦克斯韦的理论和牛顿的理论有一个错了，要么两者都错了。至少其中一个理论需要被修改。

1905 年，爱因斯坦解决了这一矛盾，那时他才 26 岁。他后来评论说，一旦他意识到牛顿的绝对时间观念是可疑的，就能在 6 周之内研究出如何修改牛顿力学，使其能与麦克斯韦方程组保持一致。由于爱因斯坦的力学具有革命性的意义，最为人所知的就是方程 $E=mc^2$，人们常常没有意识到爱因斯坦的创新实际上是多么保守。这其实是对他那个时代的基本物理方程最小幅度的修改。麦克斯韦方程组有一个基本速度——光速，它以一种基本的方式嵌入其中。一旦移除光速，就需要对方程组进行重大修改。

相比之下，使用光信号来调节不同时钟的时间测量，改变牛顿力学，使其包括这个速度限制则要简单得多，这是爱因斯坦从瑞士专利审查员的日常工作中学到的一种方法。如果改变麦克斯韦方程组，使得其与牛顿力学相匹配，必定会破坏它们与实验的一致性，反之，爱因斯坦对牛顿力学的修改只有在与光速相当的速度下才会出现。因此将光速引入质点力学就不需要再进行详细的实验验证，而爱因斯坦也没有做这样的验证。他的相对论论文没有参考文献，因为对物理方程做如此微小的修改不需要它们。

一旦爱因斯坦确定了粒子力学有基本的速度限制，即光速，那么很明显，牛顿的引力理论也需要修改，因为牛顿的引力法则没有速度的限制。从原则上来说，地球上移动一块岩石引起的引力效应能被宇宙的任何地方立刻感知到。1917 年，爱因斯坦成功地创造了一个全新的引力理论，那就是我毕生都致力于研究的爱因斯坦方程。他的引力理论通常被称为广义相对论，被视为是思考引力的革命性方式，因为牛顿引力是一种力，而在爱因斯坦的理论中，引力是时空的曲率。不过，广义相对论真的只是对牛顿引力理论的保守修正。20 世纪 20 年代，伟大的法国数学家埃利・嘉当（Elie Cartan）证明牛顿引力并非真正的力，而是时间曲率的一种表现形式。这是因为作用在粒子上的“引力”与该粒子的质量成正比。这反过来意味着，粒子在引力场中所遵循的路径并不取决于粒子的质量，因为质量在牛顿第二运动定律 $F=ma$ 两边约掉了。这种抵消意味着人们可以将引力场中的粒子路径视为沿着空间或时间的曲率，就像卡车、汽车和自行车遵循高速公路的曲率一样，而它们遵循的路径并不取决于移动的这辆车有多重。嘉当表明，假设只有时间是弯曲的，便能得到产生引力场的牛顿方程。然而，为什么只有时间被弯曲呢？爱因斯坦的引力理论允许空间和时间都是弯曲的，并证明了两者的曲率是如何结合在一起的。还有什么比这更合适的呢？

大部分物理学家现在都意识到，爱因斯坦的相对论并非革命性的理论，而只是对经典物理学理论的完善。爱因斯坦的传记作者亚伯拉罕·派斯也承认这一点，但也坚持认为爱因斯坦在1905年那篇关于光电效应的论文中提出的量子力学仍然具有革命性。

我不这么认为。爱因斯坦提出量子力学也是一种保守性的创新，而且是传统意义上的保守，即保留了牛顿物理学的经典结构。分析了特定温度下的黑色容器内光的能量分布公式后，爱因斯坦开始撰写关于光电效应的论文，而这个公式是马克斯·普朗克于5年前得出的。爱因斯坦指出，普朗克公式与在类似的固定温度容器内弹跳的空气分子的能量分布公式有许多相似之处，而后者是路德维希·玻尔兹曼在大约20年前得出的公式。这些公式如此相似，以至于爱因斯坦得出结论：光一定是由微小的粒子组成的，就像看似连续流动的空气一样。之后，这一粒子便被称为光子。爱因斯坦在论文结尾指出，如果光确实由这样的粒子组成，那么当紫外线照射金属表面时便会使电子移动，就像台球桌上的母球可以从一堆台球中撞击释放出一个台球一样，而离开这一堆台球的那个台球的最大能量与击中这一堆台球的母球的能量成正比。以这种方式从金属表面释放出的电子被称为光电子，这种入射光子与释放电子的能量之间的关系被称为光电方程。因为得出这一方程，爱因斯坦之后被授予了诺贝尔奖。

据说爱因斯坦曾给一位朋友写了一封信，在信中，他提到这篇关于光电效应的论文“非常具有革命性”。然而我注意到引用这封信的历史学家从未亲眼见过这封信，我对爱因斯坦认为这是一篇革命性的论文的说法表示怀疑。不过，这确实是一篇非常激进的论文。通过辩称光由粒子组成，爱因斯坦回到了 19 世纪早期已被驳倒的光理论，当时大量的实验已经证明光是一种波动形式。还记得麦克斯韦方程组吗？事实上，这些方程组都假设光是一种波动形式。光确实是一种波动形式，19 世纪末期的物理学家尝试证明所有的粒子实际上都是凝聚的光的一种形式。也就是说，19 世纪末期，原子（粒子）是自然界的基本实体这一想法早已过时了。通过提出光是由粒子组成的设想，爱因斯坦试图让时间倒流。

事实上，爱因斯坦认为光由粒子组成是正确的，但 19 世纪的物理学家认为光由波组成也是正确的。爱因斯坦之前的所有物理学家都犯了一个错误，他们都用非此即彼的方式来思考问题。他们假设光必须由粒子或波组成，忽视了两者兼而有之的可能性，而这种可能性被爱因斯坦确立为事实。

实际上，不仅是光，宇宙中的每一个物体，包括人和行星，同时被认为是粒子和波的可能性，早在爱因斯坦之前，对物理学家来说都是显而易见的。早在 1850 年，牛顿力学在其最有影响力的数学公式中就已说明了这一点，这个公式就是汉密尔顿–雅各比理论（Hamilton-Jacobi theory），它要求存在的一切事物既是粒子也是波。然而直到爱因斯坦迫使物理学家重新思考这个问题，人们才开始认真对待牛顿力学中最强大的数学公式。1926 年，奥地利物理学家薛定谔证明，汉密尔顿–雅各比方程中的数学问题可以通过增加一个新项来解决，最终得出的薛定谔方程构成了现代量子力学的基础。换句话说，“守恒”经典力学必然会推导出量子力学。正如史蒂文·温伯格（Steven Weinberg）和弗里曼·戴森所说，自爱因斯坦和薛定谔以来，基础物理学取得的所有成就都是保守的创新。戴森进一步指出，在晚年，爱因斯坦抛弃了保守的物理学方法，转而尝试通过纯粹的心理直觉来发展统一场论的革命性方法时，作为物理学家，他失败了。

我心目中的爱因斯坦就是我年轻时认为的他的样子，一个卓越的榜样。我希望从他的成功和失败中学到一些宝贵经验。我认为，他的成功来自保守的物理学方法，而他的失败来自晚年蓄意彻底改变物理学的尝试。伟大的爱因斯坦、20 世纪最著名的物理学家，是一位科学激进分子！

10 MY EINSTEIN

Childe Bernstein to Relativity Came
爱因斯坦给我的回信

理论物理学家 | **杰里米·伯恩斯坦（Jeremy Bernstein）**

美国知名理论物理学家，史蒂文斯理工学院物理学名誉教授。《纽约客》特约撰稿人。

主要从事基本粒子物理学和宇宙学研究，先后在布鲁克海文国家实验室、欧洲核子研究中心、牛津大学、伊斯兰堡大学和巴黎综合理工学院担任兼职或访问职位。曾在洛克菲勒大学担任客座教授、在阿斯彭物理学中心担任名誉理事。

伯恩斯坦还是一位颇受欢迎的科学作家，为《纽约客》担任特约撰稿人长达 30 年，同时也定期为《大西洋月刊》《纽约书评》《科学美国人》等杂志撰稿。他撰写了诸多著名物理学家的人物特写，包括爱因斯坦、罗伯特·奥本海默等人。

我职业生涯的大部分时间都用来解释爱因斯坦及其理论。

—— 杰里米 · 伯恩斯坦

MY EINSTEIN

10 爱因斯坦给我的回信

杰里米·伯恩斯坦

20 世纪 30 年代末，当我在纽约罗切斯特度过我的童年时光时，少数犹太难民来到了这座城市。他们是那部分幸运的人，能够逃离欧洲来到美国。这些人都具有一定的专长，能够找到工作。我父亲是罗切斯特著名的改革派拉比[①]，他帮这些人安顿下来。在这些人当中，有两名物理学家：维克托·魏斯科普夫（Victor Weiskopf）和马克斯·赫茨贝格尔（Max Herzberger）。魏斯科普夫（物理学界称他为 Vikki）是尼尔斯·玻尔的门生，之后成为麻省理工学院物理学院的明星人物。他说在 1937 年来到罗切斯特时见过我，但由于那时我只有 7 岁，并没有什么印象。赫茨贝格尔也不同凡响，是世界上几何光学方面的专家之一，并在著名的施普林格出版公司（Springer）出版的“黄祸”（Yellow Peril）系列中写了一卷关于这一主题的内容。之所以叫

① 拉比指犹太教中接受过正规犹太教育，系统学习过犹太经典，担任精神领袖或传授犹太教教义者。——编者注

作“黄祸”，是因为这几卷书是用黄色封套装订的，而且是出了名的难装帧。他曾是蔡司的镜头设计师，现在成了伊士曼柯达公司的镜头设计师，当然了，伊士曼柯达公司坐落在罗切斯特。赫茨贝格尔在柏林获得了学位，爱因斯坦是他博士学位审查委员会的成员。赫茨贝格尔与爱因斯坦保持着长久的联系，即使他们身处不同的大陆。

赫茨贝格尔喜欢在任何情况下向他人解释相对论，事实上，他常对周围的情况视而不见。有时他会切换成德语，而不管他的听众能否听得懂。有一个广为流传的故事，有人观察到他在花园派对上“无情”地向一位穿着优雅的罗切斯特主妇解释相对论，而完全不知道她的小猎犬在他鞋子上撒了一泡尿。我上高中时，赫茨贝格尔就曾试图给我解释相对论。我对他所讲的内容毫无头绪，也毫无兴趣。几年后，当我认真学习物理学时，他向我阐述了一些关于他量子力学的想法，听起来很奇怪。他反对使用复数，认为测量的任何东西都有实数值，所以这一理论应该只包含实数。他也向爱因斯坦讲过自己的想法，而爱因斯坦给出了简短的回复：“我没理解你的问题，我也不理解你的解决方案。”

爱因斯坦的直率可能令人沮丧，只要看看他对那些正在寻找物理专业工作的人的评价就可以知道。20 世纪 30 年代晚期，我的父亲有一次奇遇。他和自己的老师斯蒂芬·怀斯（Stephen Wise）一起参加了一场会议，爱因斯坦在会上发表了一场演讲。演讲期间，我父亲对怀斯说（声音大到连爱因斯坦都能听到）：

"我正在布道，讲述我是如何遇见爱因斯坦的，而我之前从未见过爱因斯坦！"爱因斯坦说道："拉比，你之前骗了他们，现在你要再骗他们一次。"

高中时，物理学是我最差的科目之一。不过，我的数学挺好的，但如果有人告诉我，有真的活着的数学家，而不是欧几里得和其他创造这些东西的人，我会认为他们疯了。你可能会问，有这样的背景，我怎么会成为一名物理学家，更不用说还写了许多关于爱因斯坦的文章和一本书，来详细地介绍这个人及其理论。确实，**我职业生涯的大部分时间都用来解释爱因斯坦及其理论。**从某种意义上来说，我将这种转变归功于詹姆斯·科南特（James Conant），他是我在哈佛大学读本科时的校长。在第二次世界大战期间，科南特曾帮助指导人们将科学运用于战争。他经历了战争，战争使他警醒，特别是核武器的发展更使他警醒，科学太重要了，不能仅仅依靠科学家。因此，他在哈佛大学推出了关于科学的通识教育项目，要求每名本科生都必须修一门科学课程才能毕业，还要能够在泳池中游两圈。前者的目的是让毕业生能够明智地思考与科学相关的问题，而后者我想是为了防止他们不巧从游艇上掉下来时溺水。因此，当我于 1947 年秋季到达剑桥时，面临着应该选择哪些科学通识课程的难题。

幸好有流传的"机密指南"提供帮助。这是高年级学生诚心搜集整理的所有通识课程的相关信息，使我能够基于此辨别哪些课程是最简单的。显然，"自然科学 3"最为简单，讲授者伯纳德·科恩（Bernard Cohen）是一位已故的著名科学史学家。很久之后，当我毕业后成了科恩的课程助教时才意识到，现代物理学关注的是什么。科恩有点像冒牌货，他在这方面懂得很少，不过这并没有妨碍他成为一名优秀的老师，来教授像我这样对基本科学一无所知的本科生。对于“自然科学 3”中的主题内容，也就是从古希腊时期到 19 世纪末期的科学内容，科恩还是很了解的。由于科恩是研究牛顿的学者，因此牛顿般的沉思是课程的一大亮点。

接着我们开始学 20 世纪的物理学。在那之前我似乎一直在梦游，但此次突然惊醒。我不记得是哪个话题先进入了我的视线，不知道是相对论还是量子理论，但既然课程是按历史时间来编排的，我猜应该是相对论。引起我注意的是相对论那看起来很荒谬的预测。我记得科恩曾解释说，对于一名静止的观察者来说，一个匀速运动的物体的质量似乎会增加，并且随着物体接近光速，这种质量的增加变得无限大。我对此感到困惑。我意识到，物体是否静止，观测者是否移动，都无关紧要：都会有同样的质量增益。因此，你可以通过跑过一个物体来赋予它质量！这个想法非常令人不安，因为科恩在讲授牛顿物理学时给了我们一个充满误导性的关于质量的定义，那就是：质量是物质的数量。由于物质是由原子组成的，因此相对论似乎（错误地）预测，当物体运动时，原子的数量会增加。科恩还声明只有 10 个或 15 个人才能理解这个理论。我猜想这其中包括了他自己，赫茨贝格尔当然也是其中之一。[①]

在科恩提出这一主张之后，我决定成为第 11 个或者第 16 个能理解这一理论的人。这或多或少是闹着玩的。我没有想着去看物理系的课程目录，不用说，那里的相对论都是常规课程。我对“理解”相对论这样的物理学理论意味着什么毫无概念。我所熟悉的“理解”来自高中，就是能够将一门外语，比如拉丁语，翻译成英语。若想完成这件事，就必须理解拉丁语。理解几何学意味着能够在测试中重复证明的步骤。理解诗歌意味着理解所有的单词和其中的典故，可能还需要词典的帮助。我曾在家里做关于一首诗歌的作业，父亲读完后问我是否同意诗歌所表达的内容。这个问题完全把我难住了，因为我从来没有想过诗歌可以表达任何你同意或不同意的内容，它们只是文字。我所设想的“理解相对论”类似于这种情况。为了理解这一理论，首先我找到了一本辅助书——词典，将所有不熟悉的词翻译成我能理解的。如果有需要，我将花费几个月的时间投身于此。接着，我前往怀德纳图书馆寻找一本书，最好是爱因斯坦写的，因为他显然理解这一理论。

---

① 直到后来我才明白，“质量”在相对论中另有深意，而且几乎没有人理解相对论这一概念的起源。1923 年，英国天文学家亚瑟·爱丁顿出版了一本关于相对论的经典著作。当被问及是否只有三个人理解这一理论时，他回应道：“谁是第三个？”——杰里米·伯恩斯坦注

有人说，在怀德纳图书馆收藏的所有爱因斯坦写的书中，我做了最糟糕的选择。但回想起来，我完全不同意。我选的书是他的《相对论的意义》，选择这本书也是因为它的名字。这是爱因斯坦于 1921 年在普林斯顿大学举行的斯塔福德小讲座上所用的演讲文章。我是在 1948 年从图书馆借的这本书，那它一定是 1945 年出版的第二版。我现在手头有 1950 年出版的第三版，也是最后一版。1945 年的版本收录了一个有着非凡意义的附录。在附录中，爱因斯坦否认了他称为宇宙常数的东西。宇宙常数是他于 1917 年引入的，目的是保证宇宙（银河系）的静止状态。在那之后不到 10 年的时间，埃德温·哈勃便证明宇宙正在膨胀，爱因斯坦这才改变了自己的想法。而在当代宇宙学界，宇宙常数又“卷土重来”了。无论在哪个版本中，这篇文章的篇幅都只有约 100 页。如果每天读两三页，我会在计划的时间内读完它。

前三页内容相当不错。爱因斯坦在开头说道：“相对论与空间和时间理论紧密相关。”这句话起了个好头，接下来是一些哲学评论。虽然我不太确定它们为什么重要，但我想我知道它们的意思。就这样，我结束了第一天的阅读。如果阅读过程都这样简单，那不过是小菜一碟。然而第二天，我就看到了这样一个等式：

$$\Delta x_{\nu}^{'} = \sum_{\alpha} \frac{\delta x_{\nu}^{'}}{\delta x_{\alpha}} \Delta x_{\alpha} + \frac{1}{2} \sum_{\alpha\beta} \frac{\delta^{2} x_{\nu}^{'}}{\delta x_{\alpha} \delta x_{\beta}} \Delta x_{\alpha} x_{\beta} \cdots\cdots$$

这个等式结束了我的尝试。我撞上了一堵墙，词典无法帮我理解这一切。我向科恩寻求帮助。这是非常有意义的一步。如果我借到的是爱因斯坦的一本更受大众关注的书，可能就会糊弄过去，错以为自己理解相对论了。但《相对论的意义》这本书让我发现一切超出了自己的能力范围，我需要帮助。科恩提了个建议，改变了我的一生。

科恩说春季时会有另一门通识教育课程，跟他的课程水平一样，但聚焦在现代物理学上，由菲利普·弗朗克（Philippe Frank）讲授。弗朗克最近出版了一本爱因斯坦的传记。此外，他还在 1912 年爱因斯坦搬迁到苏黎世瑞士联邦理工学院后，接替他担任德国布拉格大学的理论物理学教授。这门课程听上去正是我想要的，因此我立刻报了名。

第一天，弗朗克出现在物理学大楼的大报告厅里。他于 1884 年出生于维也纳，个子不高，几乎全秃，有一张像巴塞特猎犬般聪明的脸，走路时有点儿瘸，这是他曾在维也纳被一辆有轨电车撞后留下的后遗症。他的口音难以辨别，所说的十几种语言像特洛伊城一样互相交叠在一起，夹杂着各种残缺的句子。当我最终开始理解他的话时，他告诉我，20 世纪 30 年代布拉格曾有三个派别。这三个派别能达成一致的唯一一件事就是雇用一名英语老师，这样他们就全都能移民到美国。

弗朗克的讲座非常有吸引力。他可以将最复杂的主题简化成非常简单的语言，使听众都能理解。只是之后当你试图重构这一论点时，就会发现它们有多么微妙。几年前，我和两位同事出版了一本现代物理学的教科书。我负责写作相对论的部分，为此我找出了 1948 年春天在弗朗克的课上做的笔记。在课程上，弗朗克每隔一段时间就会提出一个具有专业性的题外话。他会这样开始："如果你知道一点儿数学……"我很清楚，若想真的理解这一点，我最好学习"一点儿数学"。最终我主修了数学。在毕业的时候，我已经非常了解弗朗克和他的夫人阿尼亚了。弗朗克是伟大的奥地利物理学家路德维希·玻尔兹曼的学生，他曾告诉我，玻尔兹曼是他所知道的最有天赋的数学物理学家。年轻的弗朗克对科学哲学和物理学都有兴趣，之后他成为维也纳学派的创始成员，也就是后来被称为逻辑实证主义学派的创造者。我曾和他一起参与一门阅读课，在课程中，我们一起阅读维特根斯坦（Wittgenstein）的《逻辑原理》（*Tractatus*）。我还了解到，他在布拉格时是知识分子圈中的一员，那个圈子里还有弗朗茨·卡夫卡（Franz Kafka）和卡夫卡的传记作者马克斯·布罗德（Max Brod）。弗朗克退休时，我还帮忙清理了他在物理系办公室的书桌，发现了一些像埃尔温·薛定谔这样著名物理学家的来信，但他都懒得拆开。我们拆开了一封薛定谔的信，开头写着"就在我们这些牧师的女儿之间……"，接下来是一些流言蜚语，早在几年前就已经辟谣了。"你看，真的没那么重要。"弗朗克回应道。1966 年 7 月 21 日，他离开了人世，我是他追悼会上的发言人之一。

到大二结束时，我觉得自己至少对相对论的哲学背景有了足够多的了解，或许对与爱因斯坦的谈话会有所帮助。弗朗克向爱因斯坦提出了这个疯狂的想法。1949 年春天，我收到了来自普林斯顿美世街 112 号的回复，日期是 6 月 3 日：

> 亲爱的伯恩斯坦先生：
>
> 我随信寄去一篇论文，我在其中从认知论[①]的角度表达了自己的想法。我不接受口头采访，以免引起误会。

落款是"你真诚的 A. 爱因斯坦"。

① 此处作者原文为"an epistological (sic) point of view"，(sic) 指信中此处写作如此，应为爱因斯坦笔误，正确拼写应为 epistemological。——译者注

11 MY EINSTEIN

My Three Einsteins
我的“三个”爱因斯坦

《科学美国人》和《发现》杂志前主编 | **科里·鲍威尔**（Corey Powell）

《科学美国人》和《发现》杂志前主编。纽约大学科学写作课程客座教授。

鲍威尔由于为《发现》杂志撰稿而闻名。在出版的第一本书《方程式中的上帝》（*God in the Equation*）中，鲍威尔主张，传统形式的宗教正在让位于科学与神秘主义的融合，鲍威尔称之为科学/宗教。鲍威尔认为，这在很大程度上是由于爱因斯坦自己接受了斯宾诺莎的自然神论元素。

爱因斯坦的成功不是基于新奇的实验，而是基于严格的逻辑，不是基于当今最深奥的问题，而是基于最基本的问题。

—— 科里·鲍威尔

11 我的“三个”爱因斯坦

科里·鲍威尔

在爱因斯坦去世半个世纪后，他仍然知道如何登场。在我去倒垃圾时，他突如其来：对夜空的短暂一瞥，就可以看到令人眩晕的景致——由核聚变驱动的恒星，它们因为时空的弯曲而被凝聚在一起，它们的光以每秒 299 792 千米的速度稳定释放。当我在加利福尼亚州的威尔逊山旅行时，他从晒得发白的岩石中蹦了出来，在那里，埃德温·哈勃第一次观测到了宇宙正在膨胀，从而将广义相对论转化为宇宙起源和宇宙命运的路线图。当我查看普林斯顿高等研究院爱因斯坦档案馆模糊的复印文件时，他向我招手致意，他在信中写给他人的话语仍然鲜活、充满活力，这些人包括富兰克林·罗斯福（Franklin Roosevelt）、西格蒙德·弗洛伊德（Sigmund Freud）、伯特兰·罗素（Bertrand Russell）、谄媚的孩子，甚至是想推翻他的理论的怪人。

多年以来，爱因斯坦的这些造访已经在我心中勾勒出了一个具体的形象，或者更准确地说，勾勒出了三个爱因斯坦的形象，分别代表着他的不同方面。**这三个爱因斯坦就像亚里士多德的天体一样相互嵌套。象征性的爱因斯坦通过他对流行文化的巨大影响感动了我；科学性的爱因斯坦通过他的公式和理论影响了我；哲学性的爱因斯坦深入我心，挑战了我对美和精神的观念。**将这三者联系在一起的是他那神奇的天赋，也就是无所顾忌的创造力。在他的公开宣言、理论和关于宗教的沉思中，他将目光凝聚在已有的公式上，拒绝接受现有的想法，并自由地重新定义了空间和时间、和平主义、上帝，以寻找更深层次的含义。

在我的成长过程中，象征性的爱因斯坦给我提供了最有针对性的教训，就像他在过去 80 年为几百万有学术头脑的孩子所上的课那样。谁不知道这些故事呢？众所周知，爱因斯坦从一个“迟钝”的孩子一路成长为一名天才。爱因斯坦远远超前于他所处的时代，与他的同事是如此不同，以至于不得不在瑞士专利局做一份卑微的工作，同时埋头钻研 $E=mc^2$ 的谜团。爱因斯坦推动了原子弹的发明，晚年时还为促进和平与国际合作奔走呼喊。他是一个超凡脱俗的存在，这一点从他那不可驯服的蓬乱头发上便可以看出。尽管如此，他还是故意说出了那句之后被广为流传的警语，“上帝是狡猾的，但他没有恶意”，还有“为了惩罚我对权威的蔑视，命运把我自己变成了权威”。

市面上流行的爱因斯坦传记在许多方面都接近漫画形式，不过这并不重要，它们所传递的信息都是有效的。这个爱因斯坦教会我，伟大的成就与对主流信仰的怀疑态度密不可分。对我来说，爱因斯坦就是一位物理嬉皮士，他的创造力与拒绝遵守学术界的规则、拒绝接受其舒适的确定性密不可分。他让我想起鲍勃·迪伦（Bob Dylan）创造的那首激动人心的歌曲《像一块滚石》（*Like a Rolling Stone*），或者约翰·列侬（John Lennon）拥抱吉他反馈①，以及小野洋子粗糙的激浪派艺术。爱因斯坦本可以轻易地做出妥协，更多地从事物理应用方面的工作并担任教职，然而，他选择了一条与众不同的路，让思想自由地创作，直到“谱出”狭义相对论。

我也惊叹于毫不知疲倦的活力使他能够忠于自由思想家的惯例，即使他的地位和周围环境发生了巨大变化。在 1905 年发表狭义相对论后，他很快获得了声誉，1915 年发布广义相对论后，风头更盛。接着高潮来了，著名英国物理学家亚瑟·爱丁顿宣布，根据 1919 年日食期间收集到的观测结果，太阳的引力使附近恒星的光线发生了弯曲。这与爱因斯坦的预测完全相同。突然之间，爱因斯坦从物理学期刊登上了世界各大报纸的头条，成了当代科学界第一位媒体明星。

来自世界各地的赞誉确实改变了他，但并非让他变得自恋。

① 典型的扩音系统有三个主要部件：捕捉声音信号的麦克风、增大信号本身功率的放大器、将信号以所需的频率向外发射的扬声器。扬声器首先发出共振产生连续声音，然后被麦克风接收，形成一个圆形的音频循环，放大频率，并产生一种令人不适的、高音调的尖叫声，被称为反馈。这里指约翰·列侬没有像一般的音乐家一样试图去除反馈，反而利用反馈进行音乐创作。——译者注

他仍然在物理学中坚守着独立的道路，寻求一个能解释所有自然规律的单一理论。几乎没人跟随他的脚步，而他很多关于统一场论的尝试都失败了。然而，他仍然坚持不懈，据说临终前还要了一本笔记本，希望最后的灵感可以完成过去30年一直追求的目标。

即使爱因斯坦的科学灵感逐渐黯淡，但他所享有的名誉也显示了他的另一种伟大：深刻理解名人所担负的责任。他清楚地意识到自己已经成了代表科学的公众人物，于是以一种严肃又顽皮的态度对待这一角色。亲切的“阿尔伯特叔叔”这一形象削弱了这位科学家作为严格的唯物主义者的刻板印象。想想有多少骑着自行车或吐舌头的爱因斯坦画像被贴在大学宿舍的墙壁上，默默守望学生们的梦想。他也重新诠释了上帝的名言。我认为在爱因斯坦的眼中，上帝这个称谓是象征性的，而非神学性的。他显然明白，那些无视或看似反对宗教的科学永远也不会让公众完全满意，包括他自己。

对待政治，爱因斯坦的态度也是一样的，他会仔细地评估自己的权威和他对权威的蔑视之间的相互作用。他一直是一个狂热的反民族主义者和和平主义者，并强烈反对第一次世界大战，对许多支持战争的德国同事感到非常震惊。他虽然一直在坚持自己的这些想法，但也认识到盲目坚持某种意识形态的危害，即使是和平主义的理想化意识形态。1931年在加州理工学院的一次演讲上，他重新解释了自己的观点：“我不仅是一名和平主义者，还是一名激进的和平主义者。我期待为和平而战……一个人为他所相信的事业而死，比如和平，这难道不比为他所不相信的事业而受苦更好吗，比如战争？”当纳粹原子弹的威胁即将成为现实时，爱因斯坦签署了物理学家莱奥·西拉德（Leo Szilard）起草的倡议信，敦促罗斯福总统启动美国的原子弹计划。然而，他也在坚持自己的核心信念，战后主张裁军，认为国际组织应该共同维护世界的和平。

在爱因斯坦之后的几代科学家中，有谁对公众赞誉有如此清晰的认识？看看那些最出名的还在世的科学家，比如斯蒂芬·霍金[①]或詹姆斯·沃森（James Watson），虽然他们都为世界做出了杰出贡献，但他们中很少有人在当今的重大政治和社会议题方面进行有意义的互动。

象征性的爱因斯坦背后是科学性的爱因斯坦，他在理论上取得的突破成就为他带来了名誉和由此而来的一切。在这方面，他不仅仅是一名肤浅的激进分子。爱因斯坦的合作者、传记作家、物理学家贝尼什·霍夫曼贴切地形容爱因斯坦为“创造者和反叛者”。他摧毁了经典的确定性，但只是为了揭露更深层的确定性。艾萨克·牛顿以其卓越的洞见建立了基于绝对空间之上的宇宙，这一宇宙中有一种无形的度量标准，所有运动都可以根据标准进行测量。而爱因斯坦将牛顿的宇宙替换为基于绝对定律之上的宇

① 写作本书时，霍金还在世。——译者注

宙，这就意味着，无论如何，光的速度和其他基本物理原理都将保持不变。另一种观点是，物理定律会随着观测者相对于一些不可检测、不可知的参考系的运动而发生变化，这一观点在现在看来似乎很荒谬。然而，爱因斯坦之前的每一位自然哲学家都接受了这个命题的类似版本，最早可以追溯到亚里士多德时代。

爱因斯坦纯粹是通过发现当时物理学理论中存在的逻辑缺陷而得出狭义相对论的，这些缺陷是显而易见的。最近在阿斯彭物理中心的一场会议上，物理学家默里·盖尔曼（Murray Gell-Mann）感叹道，爱因斯坦竟然比麦克斯韦本人更认真地对待麦克斯韦电磁方程，还深入探讨了伽利略相对运动思想和牛顿引力模型的全部含义。这是爱因斯坦坚持自由思想的光荣回报。他坚持以比杰出的前辈更严格的水平来审视世界的运行原则，直到完全确定这个系统的存在是合理的。对完全一致性的追求迫使他认真地对待前辈和同事都弃之如敝屣或无法回答的形而上的问题。

爱因斯坦的成功不是基于新奇的实验，而基于严格的逻辑，不是基于当今最深奥的问题，而基于最基本的问题。他有一句名言："所有物理理论，不管它们的数学公式如何，都应该用孩子也能理解的方式来表述。"同样，他把激发自己得出的理论的问题视为孩子气的问题，是他带进成年生活的问题。

爱因斯坦经常通过思想实验来思考这些问题，这些实验突出了他思想的普遍性。在某次思想实验中，他想知道如果一个人能够追上光，将会看到什么。牛顿的空间理论认为这是有可能实现的，而麦克斯韦的光理论认为这是不可能的。狭义相对论表明了如何通过舍弃我们无法观测到的东西（牛顿的绝对空间理论）来解释观测到的东西（麦克斯韦的理论）。这一思想实验使爱因斯坦确信，宇宙必须在比他的同事所相信的更一致且更简单的基础上运行。他通过创造自己的物理学并寻找测量空间和时间的新方法来解决这些问题。

爱因斯坦后来回忆说，他最伟大的灵感之一源自 1907 年的一次顿悟：“对于从屋顶自由下落的观测者来说，引力场是不存在的，至少在他的周围环境中是这样。”[①] 换句话说，引力引起的加速度正好被引力施加的力抵消了。爱因斯坦另辟蹊径，用另一种方式描述了这种情况。一个人在封闭的电梯里，原则上说不明白他是在地球表面静止并感受到引力的拉力，还是在空间中移动，被以相同的加速度向上推。这就是爱因斯坦的等效原理，该原理指出，匀速加速度等价于均匀引力场，或者说与均匀引力场无法区分。

爱因斯坦将这些想法引入广义相对论中，这一理论包含并扩展了牛顿的理论。在重新定义空间和时间方面，广义相对论远超狭义相对论，前者不仅提出了如何测量时间和空间，还阐述了它

① 这可能是象征性的爱因斯坦在发挥作用，即通过想象来阐明概念。然而最重要的是，他的想法能够用这样的形式表达，而且他选择了这样做。——科里·鲍威尔注

们是如何被联系到一起的，而且对现实世界进行了更清晰、更详尽的解说。尽管时空扭曲的概念听起来匪夷所思，但实际上它是日常体验的一部分。巨大的星系团聚集在一起便会使时空发生弯曲，这也是我每次坐在椅子上或迈出一步时能体验到的。象征性的爱因斯坦表明，物理学家不必远离真实世界，科学性的爱因斯坦也表明，物理学家的研究不必远离真实世界。难怪他在我的生活中创造出了这么多惊喜。

相对论，特别是广义相对论，把我从科学性的爱因斯坦直接引向哲学性的爱因斯坦。通过广义相对论，爱因斯坦完成了一项始于古希腊的计划：确定自然定律的范围，从而定义我们与宇宙之间的关系。在古希腊人的概念中，地球上的定律和组成元素是有缺陷的，不同于那些遵循完美的圆周运动的天体，由完美的第五元素以太组成。这种天地之间看得见的裂缝以缩小的形式继续存在，一直贯穿牛顿的绝对空间（他将其描述为“上帝的感官”）。而到了 19 世纪，以太被重新定义为一种无形的、无所不在的媒介，它们通过空间传输光，并提供所有运动的背景参考系。

爱因斯坦的宇宙中没有第五元素，这也就意味着必须尊重科学。我认为，这是爱因斯坦整个反叛的愿景中最具破坏性的方面之一。在完成广义相对论不久之后，他发表了一篇论文，严谨地表达了这些想法，从本质上开创了宇宙学领域，将宇宙作为一个整体来研究。他也为科学与宗教之间的新关系确立了条件。

宇宙是一个单一的存在，由一套可以理解的数学规则支配，这种想法令我感到激动又恐惧，还觉得它极度神秘——“神秘”这个词无疑会让爱因斯坦皱眉或发笑，抑或两者兼而有之。“事实上，神秘主义是人们对我的理论唯一无法指责的地方。”当一位粉丝称赞爱因斯坦的相对论神秘的一面时，他曾这样反驳。然而，他对神秘主义的抨击只是故事的一半，因为直言不讳的无神论者爱因斯坦经常使用神学性的语言来表述观点。正如在政治领域和科学领域，他常常通过重新定义和扩展常用的术语来触及更深层次的真相。“我在自然界中看到的是一个宏伟的设计，我们只能不完全地理解它，一个负责任的人必须谦卑地看待它，”他说，“这是一种真正的宗教感情，与神秘主义无关。”

爱因斯坦再一次扮演了深思熟虑的革命者角色，重新发明了熟悉的术语以揭示更广泛的真相。他含蓄地认为，科学的范畴得到了极大的扩展（在很大程度上得益于他的理论），不仅重新定义了人类与宇宙的关系，而且重新定义了人类与造物主之间的关系。爱因斯坦的宇宙没有为真正的天堂留下任何余地，因为没有地球上的物理定律不适用的物理领域。然而，关于宗教和科学，当爱因斯坦推翻旧秩序时，他找到了一个新的、更深层次的秩序。他在巴鲁克·斯宾诺莎（Baruch Spinoza）的哲学中找到了对这种更深层次秩序的宗教解释，并将物理法则本身视为神圣的。“我相信斯宾诺莎的上帝，他在和谐的一切存在中彰显自己，而不是一个关心人类命运和行为的上帝。”爱因斯坦说道。

爱因斯坦多次使用“上帝”这个词，但这并不是出于放纵，也不是一种纯粹象征性的行为。这是一个经过深思熟虑的哲学立场。他承认真正具有普适性的物理学理论具有神学意义。与此同时，他也非常担心宗教的破坏力，这些宗教的信徒认为他们可以为自己的成功或他人的失败而祈祷。爱因斯坦热切地相信（虽然听起来有点天真），他的逻辑方法在这个问题上能有所帮助。他在 1941 年写道：“如果宗教牧师完成上述提炼过程，一定会欣喜若狂地认识到真正的宗教已经通过科学知识得到升华，而且变得更加深刻。”

我钦佩爱因斯坦在一次又一次解析上帝和宗教的含义以澄清他自称的“新宗教”时所表现出的坚定信念。正如他对美丽、有序的科学理论的信仰反映了孩子眼中的世界，他相信上帝是这种秩序的最终体现，这是一种理想化的观念，即上帝比人类伟大得多，但在任何一种信仰中都无法找到他。爱因斯坦倾注了巨大精力来宣传这一观点。他多次提到伴随伟大的科学发现而来的“宇宙宗教情怀”，并在《纽约时报》上宣称：“在这个唯物主义时代，严肃的科学工作者是唯一虔诚的宗教人士。”尽管爱因斯坦的宇宙中没有可以交流的神灵，但他在对现实规则的理智理解的基础上，提出了建立宇宙联系的可能性。

目前为止，这条通往精神启蒙的道路非常孤独。爱因斯坦关于宇宙学的理论遗产无处不在。广义相对论为大爆炸理论奠定了基础，并引入了“宇宙常数”的概念，也就是被认为导致宇宙加速膨胀的“暗能量”模型。现代宇宙学如此彻底地依赖于爱因斯坦的时空弯曲的概念、物质的大规模同质性和所有参考系的等效性，以至于许多科学家忘记了，这些想法不过是来自一个世纪前还被认为非常激进的推测。然而，爱因斯坦的哲学遗产看起来相当少。

我不记得有研究人员曾经讨论过宇宙宗教情感。很多科学家和历史学家都认为爱因斯坦口中的“宗教”和“上帝”是对科学之美的草率概括。今天的宇宙学家几乎不会谈论上帝，即便谈论了，也不过是以霍金那种自觉的方式中，他曾问过：“那么，造物主还有什么位置？”他们在很大程度上忽视了爱因斯坦的哲学语言，以及他在谈论自己的研究时所用的宽泛且感性的表达方式。例如，大爆炸模型的提出者之一、麻省理工学院阿兰·古思（Alan Guth）在其开创性的著作《暴胀宇宙》（*The Inflationary Universe*）中，大胆地推测了在地下实验室中创造新宇宙的可能性，但他仅将这种按需创造的创世纪当作一个科学思想问题。随着宇宙学的范畴变得越来越大，它的审美范畴反而越来越小，而且在许多方面越来越贫乏。

这是爱因斯坦的遗产中最令人难过的一点。政治家和活动家已经接受了他对和平、统一的梦想。物理学家将继续实现他的计划，追寻能够统一所有自然规律的理论。被爱因斯坦视为科学核心美学的对统一与和谐的追求，指导着当今物理学中几乎所有的先进思想，从最遥远的宇宙起源理论到弦理论。相比之下，科学与宗教的统一却很少有人接受。当爱因斯坦将盖尔曼所称赞的爱因斯坦在科学中表现出来的毫不妥协的严谨性应用于神学方向时，几乎没有得到任何支持。宗教激进主义的死灰复燃只会让人们离爱因斯坦的理想越来越远。

或许这只是时间问题。粉碎偶像从来都不是一件受欢迎的事情。狭义相对论和广义相对论是我们这个时代最伟大的理论之一（只有量子力学和达尔文进化论可以与之相媲美），但也是经过了很长时间才被广泛接受，而且从未因此获得过诺贝尔奖。宇宙宗教虽然更具争议性，也远没有那么具体：没有与日食类似的实验可以证明爱因斯坦在追求“老家伙的秘密”方面走在正确的道路上。与此同时，我将继续与爱因斯坦交流，尽我所能追随他毫不妥协的创造——科学拒绝拼凑理论，同时也拒绝理性探究不能满足人类对精神真理的渴望的观点。

12 MY EINSTEIN

Things and Thoughts
当我想到爱因斯坦时，
我总是回到曾祖父的实验室

科学史学家，科学哲学家 | **彼得·伽里森**（Peter Galison）

哈佛大学科学史和物理学教授。他的研究方向新颖奇趣——探索物理学中的三种主要亚文化：实验、仪器和理论之间的复杂关系，曾担任约翰·D. 与凯瑟琳·T. 麦克阿瑟基金会研究员。

他曾参与拍摄了多部纪录片，涉及物理学史、氢弹、政府运作和黑洞等主题，影片上映后引发热烈反响。在代表作《爱因斯坦的时钟，庞加莱的地图》（*Einstein's Clocks, Poincaré's Maps*）中，彼得·伽里森从罕见的照片、被遗忘的专利和未被探索过的档案中挑选出全新的信息，展现了人类在革命性的相对论中达到高潮的对时间的平行探索，充满戏剧性和史诗气质。

当我想到爱因斯坦时，我总是回到曾祖父的实验室，想起我们用“噼啪”作响的火花点燃的那些细细的霓虹灯管。

—— 彼得 · 伽里森

MY EINSTEIN

12 当我想到爱因斯坦时，我总是回到曾祖父的实验室

彼得·伽里森

我对爱因斯坦的第一想法，事实上是关于科学的一切想法，来自我的曾祖父弗兰克·亚历山大（Frank Alexander）。他曾在柏林工业大学学习，19 世纪末期从德国移民到了美国。亚历山大出身于工程师之家，不过他是第一个从土木工程转向电气和无线电工程的人。世纪交替之际，他在新泽西州的托马斯·爱迪生实验室工作。在获得了几项不同的专利之后，他在曼哈顿开了一家小型电气公司，制造从电灯到高压测试设备的各种设备。

我小时候最开心的记忆就是去他的地下实验室。我们会从一间堆满了软垫椅子和油画的房间里下到一间灯光昏暗的大房间，那里被长长的金属落地架分隔出过道，架子上塞满了电流表、电压表、开关、玻璃器皿、电机和线圈。在约 12 年的时间里，我经常穿梭于他的地下实验室。在我 14 岁左右时，他去世了。那个尘封的隐藏堡垒正是我想象中的真正的科学实验室应该有的样

子。水银瓶放在架子上——只要一想到我曾无数次把玩这些玩意儿，我就不寒而栗。房间里有车床，当他制作螺丝和接头时，车床里会喷出卷曲的金属屑。墙上装着巨大的双掷开关，就像科学怪人弗兰肯斯坦的工作室。曾祖父设计了各种形状的霓虹灯和磷光灯，有些还装饰着会发光的花朵和叶子。在年轻时，他甚至自己吹过玻璃器皿。当他用枪形电极射出“噼啪”作响的蓝色火花来点亮小霓虹灯时，房子里会到处散发着臭氧的味道，我从那时起喜欢上了这种令人快乐的有毒气味。我发现这个世界令人着迷，我可以在他的电表内部辨认出漂亮的细铜线线圈，和安装在黑色电木支架上的精美黄铜触点柱。

每个周六，曾祖父都会去纽约公立图书馆的专利室，查看美国、法国和德国近一段时间的相关出版物，看看他所在的领域有什么新的发明，然后回到实验室去发明一些全新的东西。

所有这一切都让我感到震撼，就像我想象中的技术未来，每个人都在谈论科学，但对我来说还不是很容易理解，比如电视上倒数发射的火箭，精美杂志上的 IBM 计算机。实际上我曾祖父的地下实验室是很久以前的事了。我很确定他从未见过晶体管。他楼上的办公桌上也有一叠整齐的精密技术图纸，边上有他用钢笔精心写的批注，这更让人想起第一次世界大战前的欧洲。或者，更准确地说，我看到的是过去的未来——爱迪生新泽西实验室里的电灯和变压器，它们曾给 1900 年后的世界带来了一些不太明朗但是充满希望的东西。不管具体是什么，我都为之疯狂，因此，所有的电子产品都令我着迷。

在我 11 岁左右时，我做了一台井字游戏计算机，计算机的接线杂乱无章，开关和灯泡连接在一些废木材上。那时，曾祖父几近失明，他坐在园艺椅上，挨着喂鸟器。我给他讲我用铜条、螺丝和几根橙色的电线做出的东西。他让我展示给他看。我的爱因斯坦用手慢慢地抚摸过电线，确保连接正确，并细致地向我解释如何简化它。

七年级时，我有了一位科学老师。跟我以前见过的老师不同，他真的知道一些物理知识。我告诉他自己对电和磁着迷，于是他一步步向我展示了爱因斯坦如何运用光速和同步时钟的基本想法进行推论，得出移动的木条测量起来比静止的木条要短的结论，以及移动的时钟为何比静止的时钟走得慢。那是让我惊叹的一刻。我后来通过努力获得了业余无线电执照，不过我从未学过任何有趣的物理学推导。这太神奇了！我把相关论点抄了很多遍，慢慢地，就如同念祈祷词。我还能用粗铅笔在笔记本的横格页上画出我的 Δx 和 Δt。

回想起来，这似乎是非常可悲的画面。因为我没有学过任何经典物理学，事实上，除了知道如何拆开、修理从当地维修店借来的坏真空管收音机外，我对科学几乎一无所知。不过，爱因斯坦的观点是最令我震惊的：你可以从简单的猜想开始，最终发现一些完全出人意料的事情。

我爱上了物理学。（令我后来感到非常遗憾的是——事实上，这本不应该被允许——我几乎没有学到任何生物学知识。）在越南战争期间，在高中时期坚持物理学梦想非常困难。我的朋友认为，硬科学距离制造塑料弹片仅有一步之遥。我只能在下课后跟一位富有同情心的老师单独学习物理学，秘密制造滑轮和电容器。我提前毕业，接下来一年在巴黎理工大学与一位等离子体物理实验室的研究员一起工作，旁听伟大的数学家洛朗·施瓦茨（Laurent Schwartz）教授关于分布和卷积的数学课程。书面上的符号、那些抽象的思考，以某种方式与祖父实验室地板上的示波器、铜线和机器再次联系在一起，让我着迷。

抽象与具体之间的联系一直是我作品的中心主题。在巴黎求学期间，我开始阅读爱因斯坦的论文，探求机器推理和抽象概念的结合方式，发现爱因斯坦的研究非常吸引人。**不过，我感兴趣的不是身为名人的爱因斯坦，而是年轻时的爱因斯坦、在父亲和叔叔的电工公司长大的爱因斯坦、大学时代在地下室做实验的爱因斯坦、逃离赫尔曼·闵可夫斯基（Hermann Minkowski）等伟人精彩的数学讲座的爱因斯坦。**回到美国上大学时，我阅读了托马斯·库恩（Thomas Kuhn）的《科学革命的结构》（*The Structure of Scientific Revolutions*）和杰拉尔德·霍尔顿（Gerald Holton）的《科学思想的主题起源》（*Thematic Origins of Scientific Thought*），这两部作品向我展示了爱因斯坦的另一面，与历史和哲学相关。这些书扩展了我大脑中有关知识的联系，让我有机会以全新的方式思考爱因斯坦的物理学。

本科期间，我一直有一种小小的执念。某个夏天，在普林斯顿高等研究院，我参与了刚启动的爱因斯坦论文的出版项目。爱因斯坦对发明和专利的讨论非常深入，真是出乎预料。在我的科学史博士论文[①]中，我引用了爱因斯坦关于陀螺仪的研究案例。陀螺仪是一种追踪方向的非磁性装置。我用这个案例展示了爱因斯坦的一些最抽象的思想实验背后的技术问题，即地下室的沙砾。陀螺仪成了爱因斯坦的原子模型，在这里，纯粹物理学遇见了应用工程。

这种全神贯注也拓宽了我的兴趣。我开始着迷于探测器，这些机器将看不见的小世界转化为更大的世界，它们的相互作用与高能理论的综合描述相匹配。曾祖父的实验室工作台和后来爱因斯坦的实验室工作台，激发了我对实验室架构的兴趣。我很久以前在纽约市的实验室和爱因斯坦的专利文献中瞥见的电气宇宙，激发了我对爱因斯坦和庞加莱在阐述时间相对性时，以不同方式使用时钟协调思想的研究的兴趣。

我很钦佩年长的爱因斯坦，因为他在反对麦卡锡主义、核升级和种族主义等政治层面表现的勇气，我也看到了他追求统一场

① 这成了我的第一本书：《实验是如何终结的》（*How Experiment End*）。——彼得·伽里森注

论时表现出的勇气。不过，年轻的爱因斯坦对我来说意义最为重大。爱因斯坦的晚年生活和研究发生了转变，虽然我对此表示同情，但它使我远离了他作为一名年轻科学家所特有的事物和思想。我不认为这种改变纯粹是智力方面的原因。我认为，纳粹势力的猖狂和被驱逐出欧洲这两件事深深地伤害了爱因斯坦，而且这种伤害比他的公开声明还要明显。大屠杀之后，他发现不可能再与德国重建联系，而且不仅是德国。我认为，在某种程度上他退出了这个世界，就如同在实物与思想的密切联系中，唯有思想得以幸存。当然，欧洲恐怖的政治氛围并非他离开实验室的唯一原因。美国安全部门认为他是一个威胁，并将他排除在有关战争的重要研究之外，即使他在鱼雷理论方面做了一些贡献。毫无疑问，这种做法非常愚蠢。他的声望与日俱增，使得他和其他物理学家互动时会变得尴尬。高等研究院给了他想要的平静，在这里，他可以和精挑细选的几位朋友促膝长谈，特别是库尔特·哥德尔。然而，这些漫长流亡中的散步与他早年在地下实验室经历的动荡、混乱之间有很大的距离。当时，他在地下实验室做磁实验、研究广义相对论、探索量子力学、证实陀螺仪。

当我想到爱因斯坦时，我总是回到曾祖父的实验室，想起我们用“噼啪”作响的火花点燃的那些细细的霓虹灯管。当他向我展示如何设计电路并让“东西”工作时，1900 年的遗迹在他的指间闪烁。对我来说，在所有的物理学理论中，年轻的爱因斯坦在整理相对论和量子理论时所用的基于原理的简单推理最为美妙——他总是在思考旋钮和管子。爱因斯坦早期的论文中有一个清晰明了的推理，它离我们触手可及的世界不远。他想象一个人从屋顶跌落，连带着他的工具一起跌落，就这样得出了等效原理。这么多年之后，我仍然觉得思想的实体性和对物质世界的抽象化令人非常着迷。

13 MY EINSTEIN

The Books in the Basement
我与爱因斯坦的第一次结缘

美国科学促进会科学新闻奖获得者，圣塔菲科学写作研讨会的联合主任 | **乔治 · 约翰逊** (George Johnson)

《纽约时报》科学版备受推崇的记者，圣塔菲科学写作研讨会的联合主任。他以优雅的文笔屡次斩获重要的科学奖项：他为《纽约时报》撰写的三篇关于癌症科学的文章荣获美国科学促进会科学新闻奖，之后，他又因发表了三篇关于复杂性和高能物理的文章再度获得该奖。

代表作有《勒维特之星》(*Miss Leavitt's Stars*)、《奇异之美》(*Strange Beauty*)、《思想之火》(*Fire in the Mind*)、《穿越时间的捷径》(*A Shortcut Through Time*) 等，其中，《奇异之美》是第一部详细描述默里 · 盖尔曼生平的传记，作者以翔实的资料、客观的态度、优美的笔调，让读者充分感受盖尔曼的博学多才与特立独行，并领略盖尔曼的种种发现所带来的“奇异之美”。

他狂乱的头发在宇宙中飘扬，身后是若隐若现的夜空，星座和数学符号闪烁其中。他显然就是知道答案的那个人。

—— 乔治·约翰逊

MY EINSTEIN

刚上大学时，我常去阿尔伯克基的一家我最喜欢的书店看科学类图书，书店名叫“Living Batch”。真正聪明的嬉皮士常在这里闲逛。有次我的目光被一本名为《宇宙和爱因斯坦博士》（*The Universe and Dr. Einstein*）的平装书的书脊吸引住了。这本书标价 95 美分，它声称这是“有史以来出版的关于爱因斯坦的理论最清晰、最易读的书”。封面上印有这位伟大科学家的迷人肖像，他狂乱的头发在宇宙中飘扬，身后是若隐若现的夜空，星座和数学符号闪烁其中。他显然就是知道答案的那个人，这些答案会在一本只有 118 页的书中传授给我这样一个主修人文专业的学生。我立刻买下了它。

这样一本书的存在似乎非同寻常。作者是一位常给《生活》杂志写稿的记者，名叫林肯·巴尼特（Lincoln Barnett）。根据版权页上的详情，该书曾在《哈珀斯杂志》（*Harper's*）中简略刊登过。我快速地翻阅了这本书，浏览后松了一口气：里面都是文字，没有方程式。附录中有一些令人望而生畏的代数，但我想在我轻而易举地读完这本小书时，即使是数学也会变得易懂。最令人印象深刻的是，爱因斯坦本人在前言中推荐了这种紧凑的科学论述方式。当时我可能并不完全理解。他写的是一篇很短的文章，只有三段长，主题是什么是好的科学写作。

“任何试图以通俗的方式呈现非常抽象的科学主题的人都知道，这种尝试极其困难。”爱因斯坦写道。

> 这些人要么隐藏了问题的核心，仅向读者提供肤浅的知识或模糊的典故，从而通过在读者中唤起理解错觉来欺骗读者；要么给出对问题的专业解释，但这样会令普通读者知难而退，不愿意再深入阅读。
>
> 如果从今天流行的科学文献中排除这两种情况，那么将所剩无几，但剩下来的那些确实非常有价值。

爱因斯坦推荐巴尼特的书，认为这本书“在浅滩之间保持了稳定的航向”。他还认为，出版这样的作品至关重要：“将知识范围限制在一小群人中，会削弱一个民族的哲学精神，还会导致精神贫乏。”

最近，我从儿时家中的地下室找回了这本老书，开始重读，再次重温第一次遇见爱因斯坦的科学时的激动之情。巴尼特的书可能不是我第一次穿越有关相对论和量子力学的荆棘——我还发现了泛黄的伯特兰·罗素的《相对论ABC》(*The ABC of Relativity*),我可能还看过乔治·伽莫夫(George Gamow)的《汤普金斯先生梦游仙境》(*Mr. Tompkins in Wonderland*)。但我非常确定的一点是,《宇宙和爱因斯坦博士》第一次让概念变得那么生动有趣,让我意识到这个思想世界不是只有科学家才能懂,作家也能接近。

巴尼特第一句话就能让你知道你可以很好地理解:"刻在纽约河滨教堂白墙上的600位历代伟人的雕像——圣人、哲学家、国王——矗立在石灰岩中,用空白的不朽双眼审视着时空。"其中当然有爱因斯坦,"在大多数活着的人的记忆中,他是唯一一个震撼了世界的人。"巴尼特感叹道,即使在物理学界之外,也几乎没有人对爱因斯坦的所作所为一无所知。他的第一篇令人震惊的论文发表后约半个世纪(巴尼特的书第一次出版是在1948年),仍有无知者顽固地坚持着:"大部分报纸读者隐约知道爱因斯坦与原子弹有关;除此之外,他的名字简直就是深奥的代名词。"被误导的不仅仅是没有受过教育的人。正如巴尼特所述,"许多大学毕业生仍然认为爱因斯坦是一位数学超现实主义者,而不是某些宇宙定律的发现者。这些定律在人类理解物理现实的缓慢探索中具有极其重要的意义"。

我从大一开始就在两个极端之间摇摆不定,一个学期主修文学,下一个学期主修物理学。当我们威严的教授维克托·雷格纳(Victor Regener)博士带领我们学习牛顿定律,推导斜面和无摩擦的轨道，以说明事物确实在按照方程描述的那样运动时，我试图集中注意力。我艰难地读完了我们称之为“哈利迪和雷斯尼克”（Halliday & Resnick）的蓝色大部头著作的前几章。这是一本厚重的教科书。晚上我常把它带到卡萨·卢纳比萨店（Casa Luna Pizzeria），在那里边喝咖啡，边和女服务员聊天，并试图解答章节末尾的问题：

> 一条狗望向二楼的窗外，此刻一个球从街上弹起，超过窗框的最高点，一秒钟后返回地面。如果窗户高出人行道 4.6 米，那么这条狗多少岁？

或者类似这样的问题。是时候喝第 3 杯咖啡了。在浏览大学课程目录中的物理学课程说明时，我意识到，到高年级时我就能接触 19 世纪的研究课题。（我记得有一门关于相对论和量子力学概述的课程是选修课。）然而多年后，当我获得博士学位，才被带到一个房间时，我像一个被某个神秘组织接纳的会员，看到真正的奥秘被揭示出来——缩短的尺子和慢下来的时钟……以及为何这一切使得 $E=mc^2$。

或者，我可以选修“垮掉一代的文学”，在课后阅读巴尼特。对我来说，这才是正确的决定。第 3 章，第 23 页，我已经了解了一点马克斯·普朗克和量子理论，这是爱因斯坦光电效应的前奏。这一章还做了一些扩展，提到了波粒二象性，以及薛定谔、海森堡、玻尔和玻恩的一些理论。15 页之后，巴尼特列出了狭义相对论的基础：在移动的甲板上漫步的旅行者、令人惊奇的迈克尔逊－莫雷实验、关于两列火车和闪电的思想实验……脚注中提到奇特复杂的洛伦兹变换。数学一点儿都不吓人。只需要借助一点点代数，你就可以真实地看见：事物达到光速，时间静止，长度趋于零，质量变得无穷大。难怪你无法走得更快，因为永远不会有类似音爆的光学等效物。

到了第 9 章，我沉浸在“四维时空连续体”的概念之中，乘坐着爱因斯坦的“坠落的电梯”，看着弯曲的手电筒光束，一次又一次遇到科学作家在舞台上展示出的其他相对论教学工具。物质使空间弯曲，空间告诉物质如何移动。我惊讶于我也可以在某种程度上理解这些。可能我所体验的近似于爱因斯坦所称的“理解的错觉”，但我不在意，我所寻觅的只不过是一个立足点，它能让我爬得更高一点，抵达另一个阶梯。

不久之后，在另一本芭芭拉·克莱因（Barbara Cline）所著的通俗读物《创造了新物理学的人》（*Men Who Made a New Physics*）中，我再次遇到这些想法。我刚打开书，就发现一封来自比萨店服务员的信，寄自墨西哥，夹在爱因斯坦奇迹年的那一章。大学毕业后，在我为《阿尔伯克基日报》（*Albuquerque Journal*）报道警察殴打他人事件期间，我试图通过一些科学家或多或少流行的说法来深入研究相对论的文献：亚瑟·爱丁顿的《物理世界的本质》（*The Nature of the Physical World*）、爱因斯坦和利奥波德·因费尔德的《物理学的演进》、埃德温·泰勒（Edwin Taylor）和约翰·惠勒的《时空物理学》（*Spacetime Physics*）。我想象自己在一个光锥的顶点，并思考这样一个概念：不仅仅是光速，就连信号的速度都是绝对的，即因果关系主导的理性世界要求你不能在事件发生之前就知道它。我认为说爱因斯坦证明了“一切都是相对的”是完全错误的，因为他确定了使理解成为可能的标准。正如他与因费尔德所写，如果人类可以打破电磁速度的限制，“我们就能够通过抵达之前发送的光波看到过去发生的事……以与发射它们相反的顺序捕获它们，那么地球上发生的一连串的事情看上去就好像倒放的电影，以一个欢乐结局为开始”。一个真正奇怪的宇宙将是一个没有相对论的宇宙。

这些来自一名业余爱好者的见解会因被废弃而逐渐远去，但每隔几年，当我打开一本关于爱因斯坦的新书，或者观看另一部含有隐喻的舞台剧时，这些见解就会被重新点亮。火车和闪电，电梯和光束，碰到它们就好像碰到了老朋友。每一次重述，这些想法都会让人更加容易接受。

有时甚至会碰到值得欣赏的新隐喻。若昂·马盖若（João Magueijo）所著的《比光速还快》（*Faster Than the Speed*）一书中关于爱因斯坦、奶牛和电栅栏的寓言，让我比以往任何时候都更清楚同时性的虚幻本质。布赖恩·格林（Brian Greene）所著的《优雅的宇宙》（*The Elegant Universe*）一书中，第 2 章有几页内容让人恍然大悟：c 不仅仅是光和信号的速度，而且是宇宙中任何事物在时空连续体中运动的速度。哇！

格林让我们想象一辆赛车以固定速度在平坦的大地上行驶，它的速度朝向被分为两种：南北朝向和东西朝向。一个方向的速度越快，另一个方向的速度就越慢，类似于零和游戏。飞机的速度可以分为三个维度，而爱因斯坦让我们再增加一个：在相对论宇宙中，所有的运动都有四个维度。如果我坐在桌前，没有去任何地方，那我就正在时间维度上全速前进。如果我起身并开始行走，就必须从我的时间速度中减去我的空间速度。那我的手表就会变慢，衰老也会变慢。

物体在空间上移动得越快，在时间上就移动得越慢。从一个（对我而言的）新角度看待这个想法，让我想起了中学时期最喜欢的罗伯特・海因莱因的小说《4=71》（*Time for the Stars*），这本书围绕著名的双胞胎悖论展开。哥哥在还是孩子时登上一艘航天飞船，几年后回到家里，发现他的双胞胎弟弟已经非常老了。我那时很好奇，一个名叫爱因斯坦的聪明人科学地证明了这件荒谬的事情是可能的，这是真的吗？

现在，这个想法看上去并没有那么疯狂。我几乎能感到自己的存在，就像恒星或电子，在四维时空中像一个涟漪。对于一个寻找素材的作者来说，没什么比这更好的了。

14 MY EINSTEIN

Toward a Moving Train
这天是星期二，
爱因斯坦在我脑海中出现了 8 次

理论物理学家 | **珍娜·莱文（Janna Levin）**

知名理论物理学家，哥伦比亚大学巴纳德学院物理学和天文学教授。

致力于黑洞、时空与引力波的研究。同时也是布鲁克林艺术与科学中心“先锋工厂”的科学总监，这是一个集艺术、音乐、电影和科学于一体的文化中心，致力于跨领域的实验、教育与创新。

代表作有《黑洞旅行指南》（*Black Hole Survival Guide*）、《宇宙如何得到它的斑点》（*How the Universe Got Its Spots*）等。

他就在那儿，就在我的脑海里，我的爱因斯坦。

—— 珍娜·莱文

MY EINSTEIN

这天是星期二，爱因斯坦在我脑海中出现了 8 次。**我 8 次想起了他的名字和形象，这毫无疑问是一种虚假的形象，一种投射，一个我自己塑造的倒影——我的爱因斯坦。**

（1）早上 6：25。还没到起床时间，我很不情愿地被迫从梦境中醒来。房间如午夜般漆黑，温暖如呼吸。宝宝站在婴儿床里，胖乎乎的手扶着床沿，眼睛的高度与指关节齐平，在黑暗中寻找我。我没有想到会在这里醒来。在过去的几个月里，我和丈夫总是缺少睡眠，在凌晨的公寓里转来转去，最后都不记得是在哪里睡着的。

睡眠的中断（本可以再延长数小时）拉长了那美丽的时刻，就在我从睡梦中醒来时——此时我处于半梦半醒之间。当我穿越梦境时，一些来自混乱梦境的重要片段变成一些有意义的想法。这些想法有可能是经得起推敲的那种，如果我不尽快复述它们，它们就会消失不见。这天早上，我清楚地看到空间的形状会弯曲，就像我可以将它握在手中一样。有一对双子星沿着清晰的螺旋轨迹在宇宙中运行。我几乎可以通过模仿爱因斯坦的梦分辨出它们的轨道。

我从床上爬起来，很快忘掉了一半的梦，梦境中的光亮消散在漆黑的屋子里。我想抓住梦中的记忆，但它很快破碎，变得毫无意义。我抱起宝宝，啜饮着他的叹息，然后将头靠在他的脑袋上。新的一天开始了。

（2）早上 8：25。我开始检查邮箱，约翰·布罗克曼催促我提交关于爱因斯坦的文章。“快交稿！”他说道。“我正在想呢！”我这样回复。

（3）早上 8：50。一位来自伦敦的朋友马克打电话过来，对我喊道：“我在中央公园！我在中央公园！”他正在制作英国电视台第 4 频道关于解密天才的脑神经的纪录片，其中有一段是关于爱因斯坦的大脑灰质的，他们是来拍摄的。10 分钟后，马克开着一辆红色敞篷车来到南哈莱姆区的曼哈顿大道，停在我公寓的门口。他的气色看上去好极了。他滔滔不绝地谈论着爱因斯坦的大脑，以及他如何将它握在“脏兮兮的手里”，如何将爱因斯坦的大脑碎片“可耻地攥在手里”。我感到很郁闷，马克也是。

我和马克花了几分钟时间在人行道上交谈。我俩突然来到这里，现在一起在纽约市，说话的声音甚至盖过了街道上的喧嚣。小宝宝蹀着脚灵活地走来走去，令我们惊讶不已。时间在悄然流逝，无法阻挡，即使我们静止不动。

马克和敞篷车从我所住的街道呼啸而去，消失在视野中。人们想从爱因斯坦的大脑中获得什么呢？对于我们来说，他是谁呢？他鼓舞了因世界大战而伤痕累累的几代人的精神，他以史诗般的方式展示了优雅的人类思维，让我们叹为观止。他的思想。他的大脑。一团物质，化学物质和血液。钙，氢，骨头。将他的身体分解成一个个基本粒子，然后扔到太空，别让他受折磨了。这不是我的爱因斯坦。

（4）上午 10：05。在电磁学课程的倒数第二节讲到一半时，在我努力读着课本的第 29 章时，我发现电路图不再吸引学生的注意力，于是我停下来告诉他们，麦克斯韦如何统一了电学和磁学，如何发现光是一种电磁波，以及如何证明光速为 c。我希望他们看到大自然将所有力简化为四种基本相互作用的意义和它所呈现出的纯粹的美。这四种基本相互作用决定了整个宇宙的演化、生命的出现（包括他们的生命）、星系在其轴上的运转。我还告诉他们，科学家如何努力将四种基本相互作用简化为两种，以及爱因斯坦如何梦想着发展出一个统一理论，将所有理论精简为一个物理定律，一个宏伟的自然宣言——所有一切都源于此，包括整个宇宙、时间、物质等。

我给学生讲了爱因斯坦的故事。

学生们都很在意自己的成绩，42 个人中有 38 个想上医学院。数学这门学科令他们很受挫。他们最初很难理解那些抽象概念，极少数学生因此变得很暴躁。大部分人最终适应了这门学科，这段经历可能令他们终生难忘，也给我留下了深刻印象。不过他们都需要安慰。我告诉他们："爱因斯坦的一位教授曾说他是一只懒狗。"

据说，爱因斯坦每晚睡 10 个小时，除非他正在研究某个想法，有时会睡 11 个小时。他睡着时都会做梦。他梦见自己骑着自行车穿越树林，捕捉从树叶上落下的光；梦见当他以光速旅行时，时间就静止了；还梦见了相对论和时空弯曲。

我自己的梦又回到了我的脑海中，被我清晨的笨拙所中断。现在我只能将它先抛到一边，为学生们讲解第 29 章的示例图——交流电的电路图。

（5）下午 1：05。我错过了早餐，此时我想处理完没吃的早餐再吃午饭。虽然我已经很饿了，但突然被一本关于量子力学和狭义相对论的哲学书分散了注意力，它就是戴维·阿尔伯特（David Albert）的《量子力学和经验》（*Quantum Mechanics and Experience*）。我本可以离开办公室，寻觅一些食物，但我太饿了，饿到没劲儿去找吃的。这本书是昨天阿尔伯特在哲学系办公室里亲手给我的。我盯着封面看了好久，然后拿起书，靠在椅子上。由于靠背离得有点远，我差一点摔倒。我重新调整了一下坐姿，开始阅读。

爱因斯坦意识到，空间和时间是相对的。基于麦克斯韦推导出的电磁波的速度是恒定的这一观点，他得出了这个不可思议的结论。这个论述看似简单，但实际上蕴含着令人惊讶的深意，因为它所揭示的与我们熟悉的经验恰恰相反。比如，如果你冲向一列正在行驶的火车，火车相对于你的速度会发生变化，但如果你朝着一束光跑去，就会发现光的速度永远是 c。爱因斯坦建立了一个关于时空的理论，前提是光速是恒定的，而且不可被超越。为了让理论自洽，他放弃了时间和空间绝对不变的观点。他提出了相对论。这一理论具有超现实的意义，是爱因斯坦在富有想象力的思想实验中得出的。他设想一名宇航员乘坐火箭以接近光速的速度往返于深空，而他的双胞胎兄弟留在地面上。为了让双胞胎测量到相同的光速，他们必须经历不同的时间流逝。而当他们重逢时，彼此的年龄不一样：宇航员只老了几岁，而在地球上的双胞胎兄弟已经是一个老人了。

就在写这篇文章的前一天，我和阿尔伯特讨论到了这个问题——双胞胎悖论。他走到办公室的黑板前，画了两条相交的线，讲起量子力学和狭义相对论之间的矛盾。我惊叹于两条简单的线条竟然象征着如此多不同的含义：两个亚原子粒子的散射，欧几里得第五公设（即平行公设，认为平行线永远不会相交。但在弯曲空间中，这被证明是不正确的），井字游戏中的“×”。此刻，它们象征着两名观测者——宇航员和双胞胎兄弟的完美相对性。

阿尔伯特谈到量子力学与爱因斯坦狭义相对论之间的矛盾。量子力学允许非因果事件的发生，事件之间的联系比光速还要快。量子可能会选择一条特殊的路径穿越空间，这违背了狭义相对论的前提，即所有测量都是相对的，没有任何路径是特殊的。哪个理论会赢呢？是量子力学还是狭义相对论？哪个理论又是正确的呢？他从写满了字的黑板前退了回来。我们盯着黑板上用粉笔写的模糊的“×”。坦白地说，这着实令人困惑，但也令人惊奇。我期待这样的会面，无论是在办公室还是在咖啡厅，这种时候我们会讨论各种构想，看看哪些会在压力下屈服，哪些会保持稳定。有时候，物理概念就如同我手掌中的金币一般可靠，但当光线改变后，金币就好似变成了塑料。我们继续讨论着。

（6）下午 3：15。我沿着百老汇大街走着，阳光太过耀眼，我连街道都看不清。不过在街道外围和高处，我看到了一些东西：商铺上方的窗户反射出的眩光、修剪过的树梢，还有一只鸽子。白色的日光就像一张空白的画布，我沉浸在这种炎热天气的浑浊中。我想象宇宙是有限的、封闭的，非常接近球体的表面。宇航员可以一直绕着地球运转，每转一圈都会向他的双胞胎兄弟挥挥手。兄弟俩能看到对方的时钟走得很慢。两者都不特别。时间是相对的。双胞胎中哪个更年轻呢？他们在测量什么时间？谁在什么时候观测到了什么？

我从口袋里掏出一张折起来的纸，上面密密麻麻地写满了计算、图表和笔记。在那些不甚明白的地方，我做了明显的标识，以便当我再次阅读时，提醒我答案。我展开这张皱巴巴的纸，揉成近似圆球的形状。我用左手和右手来回揉捏着它，享受着纸发出的声音，直到纸的摩擦力减弱，声音变得柔软，像揉棉花一样。然后我把它抛进了垃圾箱。它从我的脑后盘旋而过，向后掉进垃圾箱，仿佛是一个沉重的铅球，或者只是一个皮球，抛出了一个可爱的弧线。它好似抖掉了自身巨大的重量，自由地飞行着，在空中翻滚着，直到一个橙色的金属垃圾箱随着地球的转动而升起，将它吞了下去。答案看起来是正确的，但在干净的纸上看起来会更明确。

（7）下午 5：03。我在弦理论家布赖恩·格林的办公室里。房间远处的窗户像探照灯一样，将他的影子投射到大桌子后面，这让我忍俊不禁。我陷进椅子，面对着他。巨大的椅子显得我自己很渺小，椅背足足比我高出 45 厘米，扇形的侧面像一个巨大的蚌壳一样包裹着我。这也让他忍俊不禁。

我告诉了他我和一些哲学家的对话。我们讨论了双胞胎悖论和相对论，以及有限空间中的首选切片。这是一次反向推理的对话，从结论开始，然后不断评估，每次都向后推演一步，找出一些错误，最后回到众所周知的起点。我们认为，没有什么是理所当然的，不要假设，不要相信任何事情，除了相信光速是恒定的。根据这一原则，我们又迈出了试探性的一步。

我们并没有一个试图解答的明确问题。提出一个恰当的问题可能需要数周时间。明确目标本身就是一种巨大的进步。现在，我们只是在验证自己所知道的东西。我们只是在闲聊，凭直觉行事。我们选择了一个问题：双胞胎悖论、有限空间、量子力学与狭义相对论之间是否存在联系？从这幅拼图中，我们是会得出一些有实质意义的东西，还是会一无所获？事情变得越来越复杂了。

（8）凌晨 12：35。我正在收听美国国家公共广播电台的一档节目，是关于第一批女性宇航员的故事。在这期间，我时不时神游其外，盯着前厅蓝白色墙上的一块有机玻璃看。钉子穿过的地方已经破损，断裂的地方布满碎痕，近距离看，它就像一种全新的表面。在这片有机玻璃上，我一次又一次地画上交叉的线，用蓝色、绿色或粉红色的荧光笔标出顶点。空间的象征，没有限制。

我长久地注视着墙面。宝宝睡着了，婴儿床的床单上留有一个手印，这是他在情绪崩溃之前对这一天的最后一次热情回应。我注视着墙面，想象着宇航员试图同步时钟时光线的路径。

我感到很有压力，焦虑不安，其中的微妙之处令我感到沮丧，但也让我着迷。爱因斯坦和他的大鼻子，稀疏杂乱的头发，过长的小胡子，被遮住的笑容，这个荒谬的形象使我的情绪得到缓和。当他闭上眼睛打盹，梦到通往真理的方式时，这个形象变得更加可笑。困倦的温暖洪流朝我涌来，随之而来的还有充满诱惑的梦境。

之后，我对布罗克曼要的关于爱因斯坦的文章有了思路，并开始写作。他就在那儿，就在我的脑海里，我的爱因斯坦。

15 MY EINSTEIN

Einstein's Tie
爱因斯坦的签名和照片，以及到现在仍然没有拿到的那条领带

理论物理学家，“振荡子”的发现者之一 | **马塞洛·格莱泽（Marcelo Gleiser）**

巴西物理学家及天文学家，达特茅斯学院物理学和天文学系的阿普尔顿自然哲学教授，“振荡子”的发现者之一。研究兴趣包括早期宇宙的物理学、物理复杂性的本质以及地球和宇宙其他地方生命起源的有关问题，在粒子物理学和宇宙学之间的界面贡献了开创性的想法，特别是在相变动力学和自发对称破缺方面。他还率先使用信息论中的概念来衡量自然界的复杂性。

格莱泽同时也是美国物理学会会员，并担任总顾问，曾获得白宫和美国国家科学基金会颁发的总统教授奖，并因探索科学、哲学和宗教作为人类寻求意义的互补途径的复杂关系获得了邓普顿奖。

我到现在仍然没有拿到那条领带。
我希望现在的自己值得拥有它。

—— 马塞洛·格莱泽

15 爱因斯坦的签名和照片，以及到现在仍然没有拿到的那条领带

马塞洛·格莱泽

在我成人礼的两周前，继祖母小心翼翼地敲了敲我卧室的门。跟大部分年轻人一样，我的卧室是一处神圣的堡垒，不是每个人都能进来的。我很不情愿地让她进来了。她手里拿着一个经过细致包装的扁平包裹。

“马塞洛，我知道你非常喜欢自然科学，对科学很感兴趣，”她说，“所以我想送你一样小礼物。拿着吧。”她将包裹递给我，它有一股在巴西放了数十年、混杂着樟脑丸的潮湿味道，有点像继祖母露丝太太身上的味道。我迅速撕掉包装纸。看到里面的东西时，我惊呆了：一张爱因斯坦的照片。不仅如此，上面还有爱因斯坦的亲笔签名！

“1925 年，爱因斯坦来到里约热内卢，我的姐夫伊西多罗·科恩（Isidoro Kohn）接待了他，”露丝太太说，“爱因斯坦旁边的就是我姐夫。看到照片里爱因斯坦系的这条领带了吗？我

还留着它呢。”

领带！我用祈求的眼神看着露丝太太，但她坚定地拒绝了我。“你还得再等等，”她笑着说，“你得向我证明，你确实值得拥有它。”这是这位老犹太人常用的把戏，从未失败！

在给我这条领带之前，露丝太太就去世了。这条领带可能在她某个家人的手里，也有可能腐烂在衣柜里了。我不确定。不过我收到那张照片后就将它贴到了墙上。我还为它做了一个“神龛”，旁边放着科学和数学书，以及莫扎特C大调双小提琴协奏曲唱片。自此，我开始真正学习物理学，不仅限于学校里要求学的那些知识。如果爱因斯坦能够洞悉支配自然现象的无形法则，那我希望至少能理解他所看到的。对于十几岁的我来说，爱因斯坦成了一个无比重要的人。他热爱音乐，一直在寻找能够描述所有自然现象的统一理论。他还是一名犹太人，一位和平主义者。我被他柏拉图式的世界观迷住了。他运用几何学揭示自然界最深的奥秘，17世纪的约翰内斯·开普勒（Johannes Kepler）也做过同样的事情。我痴迷于寻找可以作为自然界秘密语言的几何图案，现在仍是。

我不否认自己是一名理性的神秘主义者。爱因斯坦和开普勒也是，虽然他们所用的方式截然不同。基督教理性的真神成了无神的自然界中的合理存在。那就这样吧。当我发现科学解决了某些最基本的存在问题时，才终于有勇气将物理学作为我终身的职业，而不仅仅是为了得到毕业证。为一个比生命和时间更重要的目标而工作，是何等荣幸！

在发表于 1930 年的一篇名为《我相信什么》(*What I Believe*) 的论文中，爱因斯坦写道："我们能体验到的最公平的事情就是神秘。它是孕育真正的艺术和科学的基本情感。"除了这句话，别的名人名言都没能给我留下如此深刻的印象，它完美地解释了我决定成为一名科学家的原因。在成长过程中，我首先尝试在宗教中寻找答案，就像爱因斯坦一样。毕竟，我接受的教育让我坚信《圣经》中的故事是真实的——不仅是真实的，而且是神圣的真理，不可否认，不容置疑。

随着我母亲不幸离世，我很早就知晓了死亡。现实生活充满苦难，令人痛苦不堪。当时的我是一个极其敏感的男孩，喜欢在超自然现象和魔法中寻找慰藉。显然，如果《圣经》中的故事是真实的，那么一定存在一个与我们平行的无形世界，天使和恶魔在那儿生活，还有永生的承诺。如果这样的世界真的存在，我一定要到那儿去，和母亲重新建立联结。如果她在天堂，就像我无数次被告知的那样，那她一定是一个天使。如果她是天使，那她肯定会来尘世看自己的儿子。我无法接受她只会消失在逐渐褪色的记忆之中。因此，我搜寻、等待，并希望着。

很长时间过去了，我对哥特式文学和恐怖电影产生了浓厚的兴趣，别的什么都没有发生。我的幻想破灭了。我从历史书上得知，有许多人以宗教的名义死去，甚至被杀。我非常震惊，并意识到这样的罪行仍在继续，就像 12 世纪发生的事一样。如果信仰本意是激励人类变得更好，那它显然是失败的。到了十几岁的时候，幻想的破灭让我变得愤怒。我对超自然现象和《圣经》故事的信仰破灭了，必须找到另一种方式来理解生命。

爱因斯坦的照片拯救了我。这是一位科学家，而且是有史以来最伟大的科学家，他声称神秘是科学创造力的原动力。怎么会这样？除了《圣经》故事之外，我还被告知，科学是严格的、建立在具体的基础上的，是基于数理的。科学家必须是终极的理性主义者，一台推理机器。科学容不下感觉，当然也容不下神秘。然而，当我看着那张照片时，看到的并非一个推理机器。我看到的是温和慈祥的眼睛、蓬乱的头发、浓密的胡须，以及一个关注点似乎不在现实世界的人。我看到了一位科学艺术家，他将直觉与逻辑结合起来，通过科学工作实现了他对意义的精神追寻。我看到科学让人类更接近自然。我看到了一位导师。

毫无疑问，爱因斯坦被我极大地浪漫化了。如果我有幸亲眼见到他，很有可能会失望。实际上，我们心中的他的形象超越了真实的他。偶像只是为了一个自私的目的存在：赋予我们的生活以意义。我们将他们从真实的现实中抽离出来，使他们成为我们所期望的某种象征，成为我们私人世界的一部分。我们需要崇拜某人或某事，促使自己变得更强大。因此，我建造了自己的爱因斯坦神龛。他的科学成了我的宗教，一个无神论的宗教，对所有愿意学习的人开放。这是一个神秘的地方。

伟大的科学家在强烈的目标感驱使下进行创造。从这一点来说，他们和艺术家没有区别。冒着被称为多面手的风险，我想说，所有创造性工作背后的终极驱动力都源自我们对死亡的意识。我们创造，是为了活在当下。今天，当我们听着贝多芬和约翰·列侬的音乐，欣赏着马克·夏加尔（Marc Chagall）和波提切利（Botticelli）的画作，阅读着莎士比亚和弗吉尼亚·伍尔夫（Virginia Woolf）的作品，学习着牛顿和爱因斯坦的科学成果时，他们与我们同在。正如莎士比亚的第 19 首十四行诗所言："然而，你尽管猖狂吧，老迈的时间，凭你多狠 / 我的爱将在我的诗篇中永葆青春。"

我们眼前的物理现实是牛顿式的。物体的跌落、飞翔、运动与流动，行星围绕着太阳旋转（除了水星轨道的小修正），甚至银河的旋转，所有这些现象都可以用牛顿的物理理论来描述。但当我们将感知延伸到视觉上不可见的世界时，比如亚原子粒子的世界、垂死的大质量恒星、膨胀了 140 亿年的宇宙，就进入了爱因斯坦的现实。牛顿将地球物理学与天体物理学统一了起来，用同一组定律来描述两者的运动。他通过假设空间和时间共同组成一种严密的结构来做到这一点：空间是事情发生的舞台，时间是世俗事件不可阻挡的计时器。这正是我们从慢速角度和人类距离尺度上的短视角度来感知空间和时间的方式。牛顿物理学便精于此，它是帮助我们掌控感官现实、理解我们所看到的和可测量的东西的科学。而爱因斯坦的科学并非如此。

爱因斯坦的科学如同一种狂热的反传统主义运动，摧毁了牛顿式的绝对空间和时间的概念，而这些概念是如此令人舒适和无威胁性。他的科学打开了未知世界的大门，超越了感官所能感知到的世界。这是一个具有神秘属性和奇异现象的隐形世界。一旦你步入这个新世界，就无法回头了。就像神话中凯旋的英雄一样，你的观念会发生改变，对现实产生新的认知。这是一门作为成人仪式的科学，一门能够满足精神追求的科学。牛顿的思想很可能对 18 世纪早期的自然哲学家产生了类似的影响，因为它们揭示了天地之间无形的联系。站在牛顿的角度来看，引力被视作一种神秘的无形力量，起源于未知的物质机制，瞬间在空间中传播，无法解释。尽管如此，牛顿的科学描述的是能够被感知到的现实，而爱因斯坦的科学则远非如此。他俩是不同时代的不同偶像。

难怪有那么多人迷恋爱因斯坦。怎么可能不迷恋他呢？在那个被有史以来最血腥的战争撕裂的世界，这位犹太裔科学家宣称存在这样一个现实：时间和空间统一在一个四维时空中，空间可能会收缩，时间也有可能会减慢，物质在这里只不过是聚集在一起的能量。谁不想走出 20 世纪 20 年代初期悲惨的欧洲，进入一个超越感官的奇异世界？公元前 400 年左右，同样的转变席卷了饱受战争蹂躏的雅典。柏拉图将哲学从苏格拉底的道德直接相关性，引向了形式和纯粹思想的原型现实。开普勒也做过同样的事情，尽管他在历时30年的战争席卷中欧大部分地区时并没有成为偶像：如果地球上没有秩序，那么天空中应该有一些秩序。

爱因斯坦的签名照至今仍挂在我在达特茅斯学院的办公室里。不过它不是那张原版照片。挂在办公室的这张照片一直暴露在太阳紫外线的辐射下，损坏严重，我不希望原版历经了过去80年的褪色后继续遭到损害。在过去的20年里，我不仅对爱因斯坦的科学进行了更深入的研究，发表了数十篇相关论文，而且了解了更多他的私人生活和道德困境。对于像我这样在20世纪六七十年代阳光明媚的里约热内卢长大的人来说，很难理解爱因斯坦这类人的人生经历——他们历经两次世界大战，是20世纪二三十年代生活在德国的犹太人，目睹过广岛、长崎的原子弹轰炸事件和氢弹的发展。具有讽刺意味的是，《时代周刊》于2000年1月3日将爱因斯坦选为“世纪人物”，但1946年7月该杂志封面上印的是一脸悲伤、表情忧郁的爱因斯坦，背景是一朵蘑菇云，还印有方程式$E=mc^2$。我想知道，这个曾利用自己的名气促进平等和民主观念、爱好和平的人，会如何看待那个封面。科学的守护神被妖魔化，成为整整一代物理学家的替罪羊，这个转变之快，匪夷所思！

与科学史上的所有事件相比，原子弹的发明重新定义了科学家在社会中所扮演的角色。至少从阿基米德时代开始，自从他的军事装置阻止了罗马大军占领锡拉丘兹，科学就已被用于政治目的。今天，就跟过去一样，拥有最强军事技术的国家显然在国际舞台上更有优势。然而，在发明出原子弹之后，这种局面被打破了。人类首次拥有了能够毁灭自己无数次的力量。科学导致人类走向世界末日。1945 年 7 月，在阿拉莫戈多第一次试爆成功后，罗伯特·奥本海默（Robert Oppenheimer）引用了《薄伽梵歌》（Bhagavad Gita）中的一句话："现在我成了死神，世界的毁灭者。"

虽然原子弹技术和相关的物理理论跟爱因斯坦和他的研究没有任何关系，但他总是为此遭到苛责。在许多电影和动画中，试图毁灭世界的疯狂科学家都有着爱因斯坦式的发型和胡须，以及浓重的德国口音。在我的成长过程中，我很难调和这两个形象——身为创造者的科学家和身为毁灭者的科学家。我拒绝将科学家视为愚蠢行为的积极参与者。如果有科学研究服务于政治目的，我也会试图将之合理化，认为那些科学家一定受到了贪婪政客的操控。但随着时间的推移，我逐渐认识到，科学与政治权力之间存在着不可回避的联系，科学同时服务于人类最好和最坏的一面。我们中的许多科学家在氛围稀薄的学术界避难，相信这种距离能让我们不再受到这些研究潜在的负面影响。然而事实并非如此。科学需要资金，而资金，特别是基础科学的资金，恰恰来自政府，来自经常采取你不完全支持的政策的政府。在某种程度上，所有科学家或多或少都做过肮脏的事情。爱因斯坦深谙这一点，他必须带着一种尊严接受自己登上《时代周刊》封面的形象，就像一个有道德责任去承担那个时代最沉重的负担的人一样，而这可能是所有时代的负担。

我看着墙上的照片，意识到拍照时爱因斯坦正处于我这个年纪。当时距离奇迹年已过去了一段时间。当时，针对量子力学的本质问题，他正与别人进行激烈的辩论，与尼尔斯·玻尔的辩论尤其激烈。然而他的很多同事，特别是年轻的同事，认为他拒绝接受原子内在的概率特性，是出于一个与社会脱节之人的哲学偏见。爱因斯坦知道自己的使命。如果社会将他树立为偶像人物，他就利用这一点来推动自己所相信的事业。在内心深处，他只想把时间花在思考物理学问题上，沉浸于神秘之中，寻找难以捉摸的统一场论——这一理论能够将整个自然几何化，是柏拉图式的终极梦想。但他也知道，退出这个世界是不道德的，他的声音应该被听到，他可以有所作为。1925 年，他前往南美发表关于相对论的演讲，并为犹太复国主义运动筹集资金。

当爱因斯坦到达里约热内卢伊西多罗·科恩的家中时，计划直接前往演讲大厅。临走之时，科恩看到爱因斯坦没有戴领带，吃了一惊，因为最后还有正式的晚宴。于是他说：“爱因斯坦教授，我必须给您找一条领带！”

我可以想象到爱因斯坦翻了个白眼，非常厌倦这些他不得不忍受的无用的形式主义。为什么人们一定要把自己当回事呢？“如果你坚持的话。”他回复道。科恩很快走进卧室，不久便拿了一条深色细领带出来。“您可以戴这一条。好了，戴上它吧，可能会派上用场。”

爱因斯坦系上领带，一位摄影师突然出现了。

“爱因斯坦教授，希望您别介意。如果您愿意合个影，我将不胜感激！”科恩说道，“您要是再能签个名的话……”

“当然！”爱因斯坦笑着回复道。

两天之后，装着签名照的包裹被寄到了科恩家里。出乎他意料的是，里面还有那条领带。一张附有爱因斯坦签名的纸条上写着：“科恩先生，谢谢您，但我不能留着您的领带。我想有个借口不再戴它！”

我到现在仍然没有拿到那条领带。我希望现在的自己值得拥有它。也许露丝太太会帮我说情，我最终能够完成自己的“神龛”。

16 MY EINSTEIN

The True and the Absurd
不愿意接受任何人意见的爱因斯坦

纽约大学教授,《科学美国人》杂志撰稿人 | **查尔斯·塞费**（Charles Seife）

纽约大学新闻学专业教授,《科学美国人》《经济学人》《连线》杂志撰稿人，专栏作家。拥有耶鲁大学数学硕士学位和哥伦比亚大学新闻学硕士学位，在科学和数学方面著述颇丰。

查尔斯·塞费出版的第一本也是他最著名的书是《神奇的数字零》（*Zero*）。在本书中，他追溯了零的符号与意义的演变历程，以及数字0的宗教、历史、哲学及科学的想象，字句诙谐，内容丰富，极具启发意义。

只是凭借智力和思想实验这些武器，爱因斯坦就拥有了一种无与伦比的能力，能够用理论自身的力量来推翻理论。

——查尔斯·塞费

“爱因斯坦，你是一个聪明的孩子，一个非常聪明的孩子，”据说爱因斯坦在苏黎世联邦理工学院的一位教授这么说过，“但你有个严重的问题：不愿意接受任何人的意见。”然而，这个问题让爱因斯坦受益匪浅。

爱因斯坦不会轻易地接受摆在他眼前的理论。这并非出于他的天性，因为他是物理学柔术大师。只是凭借智力和思想实验这些武器，爱因斯坦就拥有了一种无与伦比的能力，能够用理论自身的力量来推翻理论。理论越强，思想实验也就越发微妙和危险；他以荒诞的还原手法，揭露了宇宙常识性图景中的矛盾。

爱因斯坦很早就开始采用这样的应对方法。在5岁时，一个妇人到爱因斯坦位于慕尼黑的家里教导他，课程最终以他气愤地将椅子砸向老师结束。之后，体育馆的一位老师也说爱因斯坦的态度令他不安。根据爱因斯坦的传记作家亚伯拉罕·派斯所述，这位老师向爱因斯坦抱怨道："你只是坐在后排笑，就足以破坏一位老师所需的尊重感。"

爱因斯坦这种漫不经心的态度使他难以得到长辈的喜爱。年轻的爱因斯坦只能找到一份卑微的专利办事员的工作，原因就在于他疏远了上文提到的教授海因里希·韦伯（Heinrich Weber）。韦伯向其他所有物理学研究生都伸出了援手，唯独撇开了爱因斯坦。然而，正是爱因斯坦对权威的质疑，才引发了彻底改变物理学的思想实验。

第一个思想实验发生在爱因斯坦开始认真研究物理学之前，而这引领他取得了最伟大的成就。当时还是年轻人的他设想，如果他能够以接近光速或以光速行进会是什么样子？他会如何感知宇宙？虽然爱因斯坦那时尚未意识到，但正是这个设想暴露了人们已遵循了几百年的牛顿定律的一个重大缺陷。

回到17世纪，物理学家此时已经意识到，光在以有限的速度移动。丹麦天文学家奥莱·罗默（Ole Rømer）曾发现自己对木星的卫星木卫一的观测有误，因为多次的观测结果显示，木卫一经常不在预期的位置。此外，卫星在望远镜中的位置与在纸上的位置之间的差距取决于木星离地球有多近。最终罗默意识到，这种差异是光速的有限性造成的，即来自木星卫星的光到达地球并进入观测者的视网膜需要一段时间。当地球和木星在各自轨道上运行时，它们将不断相互靠近又远离，因此光在两者之间穿行所需的时间也会不断地变短又变长。这就如同有人在把玩你的时钟，不断地让它变快又变慢。这就给人造成一种错觉，木星的卫星总是不在应该在的位置上。

还是一名青少年时，爱因斯坦就知道光是以有限速度移动的。当前科学家测得的光速是每秒 299 792 458 米。不过，与那时候的大部分科学家不同的是，年轻的爱因斯坦意识到，当他的移动速度接近光速时，就会发生非常奇怪的事情。在年轻时进行的思想实验里，爱因斯坦梦见自己以接近光速的速度远离地球，将祖国德国远远抛在身后。他想象回望身后这颗以光速远离的星球，看到秒针移动的画面。突然他意识到，这会导致一个问题。

爱因斯坦推断，如果他是静止的，秒针移动的画面就会与原来是一样的，秒针每向前移动一格，时间就会过去一秒。然而，当爱因斯坦以接近光速移动时，就不会看到同样的事。由于他离地球越来越远，来自时钟的光将需要越来越多的时间才能传到他眼里，也就是说，钟表面上的光，即秒针移动的画面，将会推迟。这就好像时钟的速度变慢了，每走一格需要两秒、三秒、十秒或更久，这取决于爱因斯坦远离地球的速度有多快。如果他的速度真的达到了光速，时钟的指针就会像完全静止了一般，只有在某一特定时刻，时钟发出的光对他来说是可见的。一秒之后，时钟的光总是会落后于他 299 792 458 米，永远不会映入他的视网膜。从爱因斯坦的角度来看，这就好像地球上所有的时钟都停止了，地球上所有人都被冻结在原地一动不动，就如同鸟停在空中、鱼停在水中。虽然看上去很荒谬，但这就是牛顿定律和光速有限性会产生的结果。如果你接受以上两点，就得承认如果你以光速远离时钟，时钟就会冻结。这虽然听起来很有趣，但尚未到惊天动地的程度。

几年后，爱因斯坦做了更精确的思想实验，再次将两个经典物理学的原理置于相互对立的位置，并表明必须抛弃牛顿的理论。“闪电击中了铁轨上相距很远的 A 地和 B 地。”这次不再是十几岁的爱因斯坦以光速远离地球，而是一位成熟、训练有素的物理学家乘坐一列火车，闪电突然击中了火车前方和后方的铁轨。处于两个闪电击中点中间的静止的观察员会说，它们是同时发生的，即这两道闪电是同时击中轨道的。如果在火车上的爱因斯坦正好处于两道闪电正中间，也会表示同意。接下来他开始自己的思想实验。如果在闪电击中铁轨时，火车正在快速从 A 地移动到 B 地，火车上的爱因斯坦将会在看到 A 地的闪电前看到 B 地的闪电。就如同快速远离时钟时，时钟看上去走得更慢了，远离一道闪电延长了闪电到达视网膜所需的时间。A 地的闪电“显然”发生在 B 地的闪电之后，因此火车上的爱因斯坦会说这两件事不是同时发生的。反过来，如果火车朝着相反的方向行进，即远离 B 地朝向 A 地，爱因斯坦将会在看到 B 地的闪电之前目睹 A 地的闪电，这次闪电也不是同时发生的。

经典物理学家有一系列定律来预测物体将会如何移动，上面思想实验中提到的火车、时钟和闪电被认为同样遵循这些规律。

然而，当爱因斯坦将这些物体置于不同条件下，并分析每种情况下会发生什么时，他发现了一些非常奇怪的现象：以不同方式移动的三位观察员会感知到不同的时间流动速度。第一位认为闪电同时击中了铁轨，第二位认为A地的闪电比B地的闪电先一步击中铁轨，而第三位认为B地的闪电比A地的闪电先一步击中铁轨。三个不同的观察员看到三种不同的情况。这意味着什么呢?

爱因斯坦意识到，这意味着“同时性”的概念已然瓦解。他的思想实验表明，在某些限制条件下，事件发生的顺序会发生变化：当你在空间中的运动速度发生改变时，对时间的感知也会发生改变。爱因斯坦利用著名的牛顿定律，颠覆了人们对于事件有绝对顺序的旧有观念。

在做了更多思想实验后，爱因斯坦揭露了牛顿物理学中隐含的一些错误假设。牛顿假设时间是绝对的，无论观测员如何移动，时钟的每一秒都是一样长的。而爱因斯坦的思想实验证明，时间并不是绝对的，时间的长短取决于你在空间中的运动速度。牛顿假设长度是绝对的，即一米就是一米。而爱因斯坦的思想实验证明，长度跟时间一样，取决于参考系，比如以不同速度移动的两个观察员会在物体的长度上产生分歧。物理学家曾经认为宇宙中的物体没有速度限制，如果持续施加能量，物体就能不断加速，没有任何限制。然而，爱因斯坦的思想实验证明，光速是宇宙中任何常规物体所能达到的最快速度。在职业生涯的后期，他想出了一个思想实验，关于一台正在下降的电梯，该实验暗示引力会使光线发生弯曲，就像天体弯曲的运动路径一样，这与经典物理学家的假设正好相反。

爱因斯坦的思想实验使经典物理学理论相矛盾。经典法则的力量极其强大，它们对物体的运动和行为做出了具体的预测。然而思想实验将这种力量变成了一件武器。如果光遵循牛顿（和麦克斯韦）的定律，那么“同时性”的概念及绝对长度和绝对时间的理念必须被抛弃，否则这个理论就会陷入矛盾。这是一个严密的、合乎逻辑的论点。如果经典物理学理论是正确的，那么其中的某些假设必须被抛弃，这是毫无疑问的。

然而，即便是爱因斯坦这位无可争议的思想实验和还原归谬法大师，也会被打败。在其中一个思想实验中，他试图摧毁20世纪第二次重大的革命性科学成就——量子理论，但最终以失败告终，即使他穷尽他的智力武器来反对量子理论。讽刺的是，在1905年的论文中，他利用量子化的光粒子来解释光电效应，从而创造了这一理论。这位“柔术大师”发现了量子理论中可能存在的一个表面的错误，于是利用该理论的数学力量来反驳该理论本身。然而在一番论证后，他并没有驳倒量子力学。

20世纪20年代中期，爱因斯坦对全新构建的量子理论越发不满。虽然量子力学以难以置信的精确度描述了微观领域的粒子行为，但其自身固有的随机性令爱因斯坦无法接受，他认为自然规律应该是美且具备确定性的，而非丑陋又随机的。他在1926

年写信给玻恩："量子力学的确令人印象深刻，但内在的声音告诉我，它并不是真实的。这个理论说明了很多，但并没有让我们能够离那个'老家伙'的秘密更近一步。无论如何，我相信上帝不会掷骰子。"因此，爱因斯坦试图用常用的武器来推翻量子理论。

1935年，爱因斯坦与同事罗森和波多尔斯基想出了一个思想实验，试图证明量子力学是自相矛盾的。特别的是，他们利用从量子理论的数学形式中诞生的一个令人惊讶的原理，即海森堡不确定性原理，提出了一个表面上看似矛盾的问题。

海森堡不确定性原理认为，我们不可能在同一时间知道一个粒子的某些属性。举例来说，如果你知道了粒子在空间中的精确位置，自然无法知道它的移动速度，反过来也是。一个粒子的位置和它的速度（或者更准确地说它的动量）是"互补"的，如果你获得了它的某个属性，那就会错过其他属性。这是量子理论的绝对格言，是量子力学的数学形式的直接产物。量子实验中也会出现这种情况：如果精确地测量了粒子的位置，就无法知道它的确切速度，而得到的值的范围会比之前更大。

爱因斯坦－波多尔斯基－罗森思想实验设定的场景是，一个粒子衰变成两个大小相等的小粒子，它们以相等的速度向不同的方向飞去，而这两个小粒子没有单独的本体。由于它们的速度相同，方向相反，如果你测量其中一个的速度，你就会知道另一个的速度。同样，如果你测量其中一个的位置，就能知道另一个的位置。用量子力学术语来说，这两个粒子是“相互纠缠”的。

在这个思想实验中，爱因斯坦一直等到两个小粒子飞离得足够远，然后两位观测员将以不同的方式分别测量这两个小粒子。1 号观测员测量 1 号粒子的位置，2 号观测员测量 2 号粒子的速度。如果 1 号观测员以绝对的精度测量 1 号粒子的位置，根据海森堡不确定性原理，他将会失去所有关于速度的信息。类似地，2 号观测员能够测量出 2 号粒子移动的精确速度，但无法得知它的位置。目前为止，这个实验遵循了海森堡不确定性原理。不过，两名观测员会分享信息。1 号观测员有粒子位置的精确信息，由于两个粒子是相互纠缠的，因此能够得出 2 号粒子位置的精确信息。同样，2 号观测员能够精确得到 1 号粒子和 2 号粒子的移动速度。在相互分享信息以后，两名观测员都将了解在同一时刻两个粒子的精确位置与速度，从而推翻了海森堡不确定性原理。

只有一种方法可以摆脱这种矛盾。当 1 号观测员测量 1 号粒子的位置时，2 号粒子不知怎的“感受”到了这一测量，并抹除其速度信息作为回应，那么 2 号观测员将无法以任何精度测量 2 号粒子的速度。在相互分享信息后，两名观测员将能精确地知道粒子此刻的位置，但不知道两个粒子的移动速度。这虽然保全了海森堡不确定性原理，但代价惨重。两个相距很远的粒子能够即刻“感受到”测量，这毫无意义。例如，从仙女座星系呼啸而过的一个粒子如何对科学家在地球上对其孪生兄弟的测量立即做出反应呢？爱因斯坦得出的结论是不能，这种“幽灵般的远距离行为”毫无意义。他是对的，这毫无意义。然而，这是真实存在的。

20 世纪 70 年代，科学家一直在实验室中测量这种幽灵般的行为。他们发现一个纠缠的粒子感受到了数公里外对它孪生粒子的测量。对纠缠特性的进一步研究表明，我们无法通过这种幽灵般的行为用比光速更快的速度传播信息，因此这种现象并未推翻任何相对论定律，只是颠覆了常识。对于物理学理论来说，这也并非重大过错。爱因斯坦的思想实验并未揭露量子理论的错误，该思想实验的结果看似荒谬，但与该理论仍然保持一致。事实证明，无意义也可能是正确的。

即使被打败了，爱因斯坦仍旧发现了一条重要的物理定律，也就是量子理论中的一个反直觉的结果，而且这个结果现在成为理解亚原子世界奥秘的基础。尽管许多物理学家认为他们已经揭秘了这种行为中的幽灵作用，但对于纠缠粒子能够即刻感知彼此的确切机制仍然不清楚。**打败爱因斯坦的还原法和谬论的一个论点是：有时荒谬就是真理。**

17 MY EINSTEIN

The Greatest Discovery Einstein Didn't Make
爱因斯坦没能成功的最伟大发现

天体物理学家，费米国家加速器实验室天体物理学组创始人 | 罗基·科尔布（Rocky Kolb）

芝加哥大学天文学和天体物理学教授，伊利诺伊州费米国家加速器实验室天体物理学组创始人、该实验室粒子天体物理学中心主任。

他主要研究重质生成、核合成和暗物质等重要课题。曾在《美国天文学》杂志和多家国际科学期刊担任编委。2003 年，他因出色的教学表现获得了美国物理学教师协会奥斯特奖章。

代表作有《天空的盲人守望者》（*Blind Watchers of the Sky*），本书曾在 1996 年斩获美国航空学会艾美奖。与迈克尔·特纳（Michael Turner）合著有《早期宇宙》（*The Early Universe*），该书被认定为粒子物理学和宇宙学专业的标准教科书。

当我看着爱因斯坦的方程时,“膨胀”似乎对着我尖叫。

—— 罗基 · 科尔布

17 爱因斯坦没能成功的最伟大发现

罗基·科尔布

在一颗环绕着可观测宇宙几十亿个星系中的几十亿颗恒星中的一颗小行星上，一个物种在好奇心的驱使下发生进化，一直在探索物质内部和外太空的奥秘，并试图了解这一切的运作方式。有人对宇宙的起源和命运感到好奇，这确实是相当了不起的。大部分人清晨起床双脚落地后，从未思考过他们在空间和时间中的位置。可能这是一件好事儿。如果你每天睁开眼就想到，个人的生命在浩瀚的空间和时间中似乎微不足道，可能会忍不住盖上被子再次入睡。不过，有些人并没有被宇宙的浩瀚吓倒，而是夜以继日，致力于探索它的起源、演化和命运。

“我是一名宇宙学家，并为此感到骄傲！”我常常这样向其他科学家介绍自己，但得到的反馈往往是笑声。宇宙学是一门研究宇宙的起源、演化和命运的科学，常常被质疑，直到最近，人们对它才有所改观。它曾一度被认为是一门声名狼藉的科学，只是比玄学更实际一些，更谈不上是“硬”科学。无情的实验结果限制了理论家的想象力和推测能力。曾经，当一名宇宙学家完全不值得骄傲。然而，现在的宇宙学今非昔比，与我父母那一辈的宇宙学完全不同。通过将精确的观察设备和大胆的理论发展相结合，宇宙学家构建出了标准宇宙学模型。尽管这种现代宇宙学模型涉及新粒子和相互作用的发现，但它牢牢地植根于粒子物理学标准模型。当前的宇宙学模型可以描述宇宙的起源，137.8 亿年前，宇宙诞生于一个奇点事件，它从无形式、无形状的基本粒子雾，演化为现在囊括恒星、星系和星系团的宇宙结构，甚至预测了宇宙的新奇命运：永恒的加速膨胀。

当然，没有人会将这个宇宙学标准模型视作最终的宇宙图景，不过大部分宇宙学家相信这个模型是最终图景的重要组成部分。100 年之后，当前的宇宙学模型在某些方面可能会被批评，说它有点儿幼稚，但应该不会有人说它不够大胆和缺乏想象力。这个模型解决了曾被认为超出科学探究范围的问题。爱因斯坦一定会为此骄傲的！

现代宇宙学的基础来自爱因斯坦的引力理论——广义相对论。没有它，我们甚至无法解决现代宇宙学的基本问题。广义相对论揭开了现代宇宙学的序幕。事实上，第一篇现代宇宙学的论文是爱因斯坦于 1917 年写的。论文《广义相对论下的宇宙观》(*Cosmological Considerations in the General Theory of Relativity*)①

① 参见普鲁士科学院会议报告，142-52（1917 年）。——罗基 · 科尔布注

之所以引人瞩目，有几个原因。它阐述了宇宙常数的概念，这在当时是一种很离谱的想法：空旷的空间具有质能密度，即“空间具有重量”。20 世纪 30 年代，在发现宇宙正在膨胀之后，爱因斯坦否定了这一点，直到 20 世纪 90 年代后期才被宇宙学家重新用来解释宇宙明显的加速膨胀。实际上，这篇论文最值得注意的是它未能做出的发现。它本可以预测到宇宙诞生于大爆炸，这是爱因斯坦没能做出的最伟大发现。

爱因斯坦在 1917 年写的那篇关于宇宙学的论文，是在关于广义相对论的那篇革命性论文（他获得成功的最伟大发现）发表不到两年之后写成的。爱因斯坦比任何人都更清楚地意识到，自己的引力理论为理解曾被认为超出人类理解范围的自然现象提供了新的可能性。有新引力理论在手，他一定感知到自己拥有了一件强有力的武器，可以用来对抗整个宇宙。十几年以来，他以精准的直觉探索物理学，总是能正中靶心，但当他将目标转向宇宙学时，反而远远地偏离了靶心。

我给研究生教授现代宇宙学时，通常第一节课一走进教室，便会一言不发地在黑板上写下一个方程式。在默默地欣赏了这个方程式好一会儿之后，学生们都开始怀疑是否选错了这门课程时，我才转向他们，说：“我假设你们都熟悉爱因斯坦广义相对论的场方程。”在接下来的短短几分钟内，我将向学生演示爱因斯坦的引力理论描述的不是一个不变的宇宙，而是一个正在膨胀或收缩的宇宙。最后，我会建议他们应该尤其关注描述宇宙膨胀现象的理论，因为它似乎描述了我们所生活的宇宙。“有晚上，有早晨，这是头一日。”

当我看着爱因斯坦的方程时，“膨胀”似乎对着我尖叫。即便是持怀疑态度的学生，也认可爱因斯坦的引力理论暗示宇宙正在膨胀或收缩，但他本人在提出这个理论之后的十几年里，一直没有意识到自己的方程意味着什么。我很好奇爱因斯坦为什么会漏掉这一点。他为什么会错失预测宇宙正在膨胀的机会呢？

向学生讲解膨胀的宇宙如何自然地遵循爱因斯坦的理论时，我可能正在扮演扶手椅上的宇宙学家的角色[①]，可以看到所有问题都整齐地呈现在眼前的提示板上，以及游戏是如何进行的。任何科学发现在初期都没法像后来那样明晰。站在现在的角度来看，爱因斯坦不应该为了阻止宇宙膨胀而对方程式进行“轻微的修改”，相反，他应该预测到宇宙正在膨胀！具有讽刺意味的是，我们现在相信他的“轻微修改”是正确的，只不过理由错了，因为这种修改不仅不会阻止宇宙的膨胀，反而会导致整个宇宙空间加速膨胀。

1905 年，在伯尔尼专利局的办公室里，爱因斯坦看着桌上一页纸上散布的杂乱无章的方程，突然意识到空间和时间不是独立存在的，而是以一种深刻的方式相互联结在一起。不知何故，

① 此处指作者作为后来人，以上帝视角看待问题。——译者注

他拒绝相信以前人们所认为的时间与空间相互独立的观点。作为我们世界观的一部分，这种观点延续的时间比历史记载的时间还要长。他想象了一个统一的时空。在那次革命性的想象 10 年之后，经过一番巨大的努力，他意识到自己的方程揭示了空间不是平坦的，而是会在有物质聚集的地方发生弯曲。他摒弃统治了数学、物理学和宇宙学 2 000 年的欧几里得平面空间几何学，拥抱了空间的曲率。

接着，他在 1915 年做出突破性发现两年后，意识到自己花了数年时间和难以想象的智力努力通过思想实验得出的理论，并不符合他所认为的宇宙存在恒定的解。方程改变了他对空间和时间的认知，因为方程告诉他应该如此；方程还改变了他对空间几何构造的描绘，因为方程告诉他应该如此。但在 1917 年，他却没有意识到方程告诉他宇宙正在膨胀。他不仅没有预测出这一事实，反而认为他那美丽的广义相对论方程“需要稍加修改”。

爱因斯坦为什么会错过这一发现呢？在 1917 年的一篇论文中，他在寻找一个具有两种特性的宇宙模型：

1. 宇宙不会随着时间的变化而变化，也就是宇宙是静态的；
2. 如果没有物质，宇宙中的空间就不存在。

牛顿的引力理论无法满足任一条件，爱因斯坦认为广义相对论有可能会满足。

第一个条件只是一种偏见，反映了爱因斯坦的宇宙观。无论他相信宇宙一直存在，还是诞生于一个特殊事件，他都假设过去的宇宙与当前的宇宙多多少少有些相同。他知道事物都在运动，比如行星绕着太阳运转，恒星也在我们的星系中表现出微小的运动。但他认为所有运动都微不足道，当前的宇宙跟过去的宇宙一样。这是 1917 年那个时期人们普遍持有的宇宙科学观。当爱因斯坦开始探索宇宙时，根本没有想到宇宙正在膨胀。当然，当他开始研究相对论时，也没有想到空间和时间是统一的，空间会弯曲。

事实上，当时几乎没有天文学家发现宇宙的本质。1917 年的宇宙学标准模型认为，宇宙中有且仅有一个星系，也就是我们所在的银河系。直到 1924 年，美国天文学家埃德温·哈勃才证实了银河系周围还存在不同的星系。5 年后，1929 年，哈勃证明了宇宙正在膨胀，这是爱因斯坦没能做出的最伟大发现。

爱因斯坦早先向天文学家询问过探测到光线经过太阳时会弯曲的可能性，但他是否向天文学家打探过宇宙正在膨胀的可能性，这没有记载。如果他这么做过，可能就会发现一个特殊的事实："旋涡星云"（后来证明是其他星系）似乎正在远离地球，而且速度异常快。

爱因斯坦宇宙模型的第二个条件，是对绝对空间和绝对时间概念的回应，这两个概念是牛顿动力学的基础。牛顿在《自然哲学的数学原理》(*Philosophiae Naturalis Principia Mathematica*)第一卷中写道:“绝对的、真实的和数学时间本身,以及从自身的性质来看,是平等地流动的,与任何外部事物无关……绝对空间,就其本质而言,是与外界任何事物无关,永远相似且不可移动的。”

牛顿认为,恒星和星系只是固定空间和时间场上的玩家,都遵循牛顿物理学定律在宇宙中运动。但根据爱因斯坦的宇宙模型,空间和时间也参与了游戏,在空间、时间和物质的相互作用中,空间和时间不是绝对的,而是相对的。

爱因斯坦对绝对空间和时间的否定似乎基于两个方面:第一是他发现了它们的相对性,第二是受到了物理学家和哲学家恩斯特·马赫的影响。马赫提出,作用在物体上的惯性力来自宇宙中所有的恒星和星系。他还认为,在空无一物的宇宙中,谈论孤立的物体的运动或旋转是毫无意义的。爱因斯坦将这一观点称为“马赫原理”。在晚年,他否定了马赫原理,但在1917年,这一原理影响了他对宇宙学的研究,并使他深信,如果没有物质,空间就不会存在。

爱因斯坦起初试图找到一种宇宙学理论,它将能够描述无限的宇宙,以满足他的愿望。但他很快意识到,并不存在这样一种理论。之后他试图找到一种理论,在两个相同的条件下,在有限的空间范围内找到解决方案,但再一次失败了。他发现的是我们现在已经熟知的现象：包含了物质和辐射的宇宙并不是静止的，它要么正在膨胀，要么正在紧缩。然而，爱因斯坦并没有因为这一发现质疑他为宇宙学模型设定的最初目标，而是选择修正广义相对论，而这是一个他花费大量时间和精力完善的理论。在 1917 年发表的一篇关于宇宙学的论文中，他写道：

> 我将带领读者走一遍自己走过的路，否则我无法指望在旅程结束时他们会对结果产生兴趣。
>
> 我得出的结论是，我迄今所倡导的引力场方程仍然需要稍加修改……

“稍加修改”指，在他美丽的方程中增加一个别扭的新项，唯一目的就是使宇宙保持静止。现在我们知道，这个附加项就是宇宙常数，它可以通过某种方式调整，以平衡倾向于驱动膨胀的空间曲率的影响。

爱因斯坦的这篇论文让许多物理学家和历史学家都感到疑惑。在那之前，爱因斯坦作为物理学家的直觉很少让他误入歧途，他那精准的直觉和洞察力令人不可思议。要求生活在 1917 年的人预测到宇宙正在膨胀，可能有点过分了，但爱因斯坦并不是普通人啊。也许相比于他对空间、时间或几何的认知，他对宇宙应该是什么样的根深蒂固的认知更为深刻。

17 爱因斯坦没能成功的最伟大发现

罗基·科尔布

作为一名宇宙学家，我从爱因斯坦第一次涉足宇宙学的经历中吸取了一些教训。

1. **犯错了也没关系。**就连爱因斯坦这样的大人物在研究宇宙学时都会出错。当然，犯错和愚蠢之间还是有区别的。
2. **认真聆听方程告诉你的东西。**有时听到的曲调很微妙，连爱因斯坦这样的大师都分辨不出来其中的音符。
3. **通常越简单越好。**至少在我的印象中，膨胀的宇宙比爱因斯坦于 1917 年提出的宇宙结构要简单得多。
4. **不要害怕做出大胆的预测。**也许爱因斯坦之所以未能预测出宇宙正在膨胀，是因为过于保守。
5. **摒弃原则。**原则有时是有害的。爱因斯坦被马赫原理引入了歧途。我的朋友及同事、宇宙学家安德烈·林德（Andrei Linde）常说，即使没有想法的人也可以有原则。
6. **有时，基于错误的原因会得出正确的答案。**爱因斯坦在方程中引入了宇宙常数，以使宇宙保持静止，这一举措是错误的。但最近的观察表明，宇宙常数确实存在，它导致了宇宙的加速膨胀。
7. **错了，要勇敢承认。**哈勃发现宇宙正在膨胀后，爱因斯坦坦率地承认引入宇宙常数是一个错误。
8. **永远不要承认自己的错误。**今天宇宙学家之间常开的一个玩笑是，如果爱因斯坦没有承认错误，坚持他当初引入宇宙常数是对的，那他会更出名。
9. **勇于尝试。**这是我认为最重要的教训。我的爱因斯坦并没有被宇宙的宏大和复杂性吓倒，而是鼓起勇气，试图用自己超凡的想象力揭开它的奥秘，即使他没有预测到宇宙正在膨胀这个最伟大的发现。

18 MY EINSTEIN

The Gift of Time
爱因斯坦给我留下了很多礼物

物理学家，麦克阿瑟天才奖获得者 | **理查德·穆勒（Richard Muller）**

加州大学伯克利分校物理学系名誉教授，劳伦斯·伯克利实验室资深科学家。

穆勒的研究兴趣包括宇宙微波背景辐射的各向异性、超新星、地磁倒转现象的根由、撞击性灾难和冰川周期。他与同事一起启动了加州大学伯克利分校的实时超新星探索项目，并发现了宇宙在加速膨胀的事实，引发重要关注。穆勒的研究生萨尔·波尔马特（Saul Perlmutter）还因此获得了 2011 年的诺贝尔物理学奖。

代表作有《涅墨西斯》（*Nemesis*）以及与戈登·麦克唐纳（Gordon J. MacDonald）合著的《冰河时代和天文原因》（*Ice Ages and Astronomical Causes*）。

他给了我和所有人，时间的礼物。

—— 理查德·穆勒

MY EINSTEIN

18 爱因斯坦给我留下了很多礼物

理查德·穆勒

偷我钱包的人，偷走的是我的垃圾；占用我时间的人，偷走的是我的生命。**爱因斯坦给我留下了很多礼物。他为一个重大发现建立了框架，而这个发现——宇宙微波背景辐射的余弦变化，帮助我获得了终身教职。**他的引力方程为理解整个宇宙提供了一个体系，这启发了我的工作，促使我开始寻找超新星，以测量我认为宇宙膨胀减速的现象。我以前的学生萨尔·波尔马特（Saul Perlmutter）完成了这项研究，并与另一个团队同时发现宇宙正在加速膨胀。爱因斯坦的宇宙常数后来被用于解释宇宙的加速膨胀。关于他是否将宇宙常数引入方程的遗憾有很多讨论，但作为一名优秀的物理学家和数学家，他别无选择，这个常数容纳了（尽管并未解释）奇怪的加速度。我对爱因斯坦充满感激，但更多的是，我感谢他给了我时间的礼物。

时间是一个非常难以捉摸的概念，有些人仅仅将其视为一个坐标，一种帮助描述指定事件的方式。如果你用三维坐标（x,

y，z）来描述一件事情，那么时间就是“第四维度”，但这个维度的意义微不足道。时间常以这种方式出现在大多数物理学方程中。即使物理学中用到了时间，其实我们也并不真正理解时间，这是一个令人羞愧的小秘密。物理学家会告诉你，时间与空间是统一的，这在很大程度上归功于爱因斯坦，我们应该为此感到高兴。不过，时间与空间有着本质性的不同，这是物理学不太承认的。时间明显比空间更神秘。

以时间的“流逝”为例。众所周知，时间似乎在流动，但如果我们尝试对这一现象进行定义，可能会绝望地迷失在一轮轮的循环定义中。实际上，时间并没有去往任何地方，但它看起来确实在前进。我们对前进的感知取决于我们的生理特征。苍蝇的反应速度比人类快得多，因为我们的时间感在一定程度上取决于我们的感觉、思考、移动速度和记忆能力。粗略地说，我们的时间感是由心跳决定的，尽管从神经尖端到大脑的往返时间或许能更精确地量化时间。

然而，量化时间的流动，让我们在理解时间方面有任何实质性的进展吗？我不这么认为。我们经常陷入这样的陷阱，即为不理解的事物命名，从而给人一种知识进步的错觉。如果时间的流动速率是基于我们身体机能来测定的，那它就不是恒定的。从疾病中恢复或参加一场无聊的讲座，时间似乎会变长，相反，参与娱乐活动，时间似乎很快就过去了。为了避免人类对时间的感知不同步，我们基于物理学原理制造了时钟，这些设备不会与周围的现象产生情感上的联系。这就是我们使用时钟来测量事件的节奏的原因。当爱因斯坦还是一名专利员时，他面临的最紧迫的问题之一，就是如何同步不同火车站的时钟。然而具有讽刺意味的是，当他最终提出相对论时，他证明从原则上来说，这种同步是根本不可能的，尽管对于火车旅行这一目的来说这种程度的同步已经足够了。

然而，为什么会有“事件的节奏”呢？空间本身不会朝前移动，为什么时间可以呢？你可以在空间中前后移动，但在时间中不行。时间似乎真的很特别。这是怎么回事呢？

你可能会对这些问题感到很好奇。如果你不是一名物理学家，可能会认为答案藏在物理学方程中。我来告诉你，它们并不存在。

避免在物理学方程中寻找答案的一个好方法是，用我们可以解决的问题来代替这些问题。与其解释时间的运动，不如看看我们能否解释它的方向。如果在搜索引擎输入“时间之矢”，就会出现关于这一主题的无数文章和图书，其中大部分提供了有趣的物理学解释和重要洞见。

时间之矢指，时间似乎在朝着一个确定的方向前进。这个问题涉及一些实质性内容。一个很明显的证据是：为什么我们记住的是过去，而不是未来？这似乎是一个愚蠢的问题，直到你意识到，在一个完全机械化、决定论的宇宙中，所有原子的未来只是它们过去的一个函数。信息并不会随着时间发生改变，改变的只是它的组织方式。

不过，我们并非生活在机械化的宇宙里。量子力学以其概率性方法，显然需要区分过去和未来，概率将未来与过去联系起来。当前（请允许我使用这个词）的理论假设过去决定了未来，我们无法解释其中的原因，便给这种“决定”起了一个名字：因果关系。然而，因果关系并非物理学定律。这有可能不是一个正确的假设。我们虽然给它起了名字，但并不理解其本质。因果之谜与时间之矢这个谜题有关。大多数物理学家总是假装理解时间。他们会告诉你，时间的方向由熵的增加决定，他们会将这一点与另一个无法解释的事实联系起来，即过去的宇宙比现在有序得多。熵不太可能一直保持不变，因此当我们进入另一个更有可能的状态时，就会体验到时间。

熵是一个物理学术语，表示特定情况发生的概率。（从技术上讲，熵是概率的对数，不过这对我们的主题并不重要。）随着宇宙演化到更可能的状态，熵会增加。这就是决定时间之矢的根本所在。如果你对比两张宇宙的照片，原子和光子排列得更混乱的那张照片，就是晚些时候拍摄的。

实际上，整个问题都有点微妙。如果我们要记住过去（而非未来），那么我们大脑的熵实际上会减少，也就是说，神经细胞之间的联结必然会变得更有序。我们可以做到：局部的熵不必增加，只有整体的熵才会增加。因此，在学习的过程中，我们会释放热量，部分以红外辐射的形式释放，大部分最终会变为红外辐射，被排放到太空中。如果我们把这种辐射计算在内，那么熵就会增加，这是必然的，但同时，大脑的熵减少了。记忆代表着熵的减少，记忆决定了时间之矢！

不只是大脑的熵减少了，太阳的熵也在减少，地球的熵也是。实际上，宇宙中原子的熵也在减少！只有当你将它们所散发的辐射也算进去时，宇宙的熵才会增加。

实际上，宇宙的所有熵都包含在光子（主要是微波辐射）中，也许还包含在中子中。宇宙中超过 99.999 99% 的熵包含在辐射中，这部分熵不会随着宇宙的膨胀而发生改变。换句话说，时间之矢是由 0.000 01% 正在减少的熵决定的。但你真的相信就是这部分极小的熵给了我们记忆，决定了时间之矢吗？

这令人感到非常困惑，是吗？

在这个过程中，我的目标就是迷惑你，分散你的注意力。此刻，你可能没有意识到我还没有解决时间为什么会流动的问题。实际上，在这个问题上，我使用了政治家常用的狡辩伎俩。物理学家声称空间和时间已经统一了，这在很大程度上归功于爱因斯坦。时间不再是无足轻重的第四维度，而是可以旋转、拉伸、弯曲甚至扭转的四维时空系统的一部分。但是，为什么时间可以流动，而空间不可以呢？

接下来，你会更困惑。物理学家总是认为三维空间没有什么神秘的。一些现代基本粒子理论认为存在十维空间，其中 7 个维度卷曲成了小区域，就像弦的表面，所以在我们身处的这个巨大的宏观世界里，我们意识不到它们的存在。剩下的三维空间是可以延展的。虽然好像有点抽象，但我假设你理解起来没什么困难。接下来想象一下具有两个时间维度的理论。从数学上来讲，这很简单，我们甚至可以通过计算来理解。但对于我们的感知来说，这意味着什么呢？如果存在两个时间维度，它们都会“前进”吗？两种时间都会移动吗？

物理学上讲这是没有问题的，因为物理学不处理时间流动的问题。因此，物理学巧妙地回避了这个问题。如果你像我的许多同事一样，认为无法用物理学描述的事物是没有意义的，那么我们的讨论就到此为止了。哟！我们已经把这个问题解释清楚了。

但是我不接受这一点。感谢爱因斯坦和他在理解时间方面取得的成就，我认为我们有希望解答这个问题。虽然现代物理学不能解释时间，但爱因斯坦告诉我们不应该放弃。

有一个明显的概念尚未纳入物理学，那就是“现在”这个看上去很简单的词。现在读这个词，然后仔细思考一下你读的这个词。这个词意味着什么？“现在”还是你读它时的“现在”吗？

从物理学上来讲，“现在”这一概念并不存在。物理学家掩盖了这一缺陷，甚至将它变成了一项成就：“物理学定律不会随着时间的变化而变化。”这是真的，至少目前教科书中的物理学定律是这样的。这意味着“现在”没有含义，毫无意义。但你知道我用这个词时意味着什么，对吧？物理学是不是遗漏了什么？

我的现在跟你的现在一样吗？值得注意的是，爱因斯坦在这个问题上给我们带来了深刻的见解。他能够证明，同时性的概念不具有普遍性。这意味着具有普适性的“现在”不存在，无论在何种参照系中，都是如此。根据参照系 1 中的时钟，两件同时发生的事件在参照系 2 中不一定是同时发生的。哲学家可以长篇大论地讨论“现在”的意义，但如果他们没有考虑到爱因斯坦的结论，他们所说的任何东西都将毫无意义。

这并不意味着“现在”没有意义。你知道它对你意味着什么，即使你的现在与我的现在不同。还有一些物理学无法解决的问题，有些人认为它们可能永远都无法被解决了。然而，爱因斯坦的方程告诉我们，时间的概念受制于一种非主观的描述。

与同时性不存在一样令人吃惊的是爱因斯坦关于时间间隔的结论。以双胞胎约翰和玛丽为例，他俩聚在一起庆祝 21 岁生日，随后出发去不同的地方旅行。他们都经历了时间，都变老了。在约翰庆祝自己 22 岁生日的时候，他们又聚在了一起。然而，除非他们的旅行完全一致，否则就不会经历相同的时间。比如，如果约翰待在家里，而玛丽以 80% 的光速在环形轨道上度过了这一年，那当她返回时，她不会老一岁。因为她经历的不是一年，而是 7 个多月。

这是一个严密且完善的物理学定律。对于一个移动的物体来说，时间会按$\sqrt{1-b^2}$的因子变慢，b 表示速度，为光速的几分之一。我认为，这就是爱因斯坦最伟大的成就。这个公式之前在亨德里克·洛伦兹导出的变换方程中出现过，但很多人认为爱因斯坦认识到它不是侥幸，它不是（可能不完全是）麦克斯韦方程的有趣属性，而是对时间行为方式的有效描述。时间间隔是可塑的。两个事件之间的时间（此例中是约翰两次生日的间隔）取决于它们之间的路径。这真是一个不可思议的结论。

爱因斯坦认真地思考了时间的怪异之处，然后将其应用于力学，结果推导出了他最为著名的方程：$E=mc^2$。

即使不用火车时刻表，由爱因斯坦方程明确定义的时间的弹性特性也很容易得到验证，不过这种验证不是在爱因斯坦第一次提出它的时候完成的，而是在今天的现代实验室中完成的。我撰写博士论文时，几乎每天都在验证它。我发现，只要基本粒子快速移动，它们的寿命就会延长，这遵循了爱因斯坦 / 洛伦兹的方程。在加州大学伯克利分校，我们有一个本科生实验室，学生在那里研究宇宙射线介子的行为，从中观察到了时间膨胀效应。快速移动的介子经历的时间要短一些，因此寿命更长。

时间的这种行为非常奇妙。虽然这听起来很难理解，但如果你花了很长时间来教授这一点（幸运如我），那么一切便水到渠成。刚才描述的双胞胎悖论根本不是悖论，而是一种“效应”。

真正的问题与时间的流动和现在的性质有关。物理学在这些难题上并没有取得真正的进展。大部分理论物理学家甚至都没有尝试过，相反，他们选择了处理更为直接的问题，例如维度。然而，爱因斯坦的进步告诉我们，我们有希望解决时间的难题。至少时间的某些方面可以用物理学来解释。也许有关“现在”和时间流动的问题会被隐藏起来，永远无法通过物理学方程来解释，甚至可能被排除在物理学领域之外，只存在于思想世界之中。不过，现在就放弃尝试还为时太早。也许在物理学和数学的世界里，还隐藏着一组新的方程式，它们将会拓展我们的思维，解开这些谜团。

会计师喜欢井然有序的问题，而物理学家喜欢困惑和神秘，喜欢钻研那些尚未理解的事物。在爱因斯坦提出相对论之前，时间只是一个坐标，用来解释其他事物。而在相对论被提出之后，时间变成了一种拥有自身行为的存在，而我们对它知之甚少。爱因斯坦向我们展示，至少时间的某些方面是可以分析的。他给了我和所有人，时间的礼物。

19 MY EINSTEIN

Flying Apart
爱因斯坦错了！

知名理论物理学家、天体物理学家，“安鲁效应”提出者

|保罗·戴维斯（Paul Davis）

英国知名物理学家，亚利桑那州立大学教授。主要研究跨越宇宙学、引力理论、量子场论及天体生物学等领域，尤其是在研究黑洞和宇宙的起源方面做出巨大贡献。他尤为值得注意的贡献是提出了“安鲁效应”，并将“暗能量”的谜团确定为基础科学面临的最重要的问题之一。因在科学上取得了突破性的贡献，先后获得了邓普顿奖、凯尔文奖、英国皇家学会迈克尔·法拉第奖以及澳大利亚勋章，他在传播科学知识方面的贡献在全球范围内都有目共睹。

在代表性作品《宇宙的最后三分钟》（*The Last Three Minutes*）里，保罗·戴维斯以大众化的语言带领读者畅想了宇宙将如何走向末日的场景，所有关于宇宙未来的话题，本书均有涉猎。

爱因斯坦多次考虑又多次放弃的宇宙常数必须再次得到重视。

—— 保罗 · 戴维斯

19 爱因斯坦错了！

保罗·戴维斯

爱因斯坦可能是一位天才，但也避免不了犯错，或至少是判断失误。他拒绝接受量子力学这个于奇迹年在他的帮助下发展出的理论。他有一句名言："上帝不会掷骰子。"事实证明，爱因斯坦错了。有关原子和光子的实验都毋庸置疑地证明，量子的不确定性是物理世界固有且不可回避的特征。

具有讽刺意味的是，这个被爱因斯坦视为"最大的错误"的理论可能一直都是正确的。这是他后期对职业生涯最高成就广义相对论所做的一个小修正，有时被不友好地称为容差系数。20世纪60年代，当时还是一名学生的我对爱因斯坦的容差系数很着迷，觉得它很有吸引力。多年来，人们一直对它嗤之以鼻，而我始终支持它。**现在，局面反转了，科学家不情愿地承认，爱因斯坦认为自己错了反而是错误之举。**

这个问题与引力的本质和宇宙的膨胀有关，它体现了爱因斯坦独特的思维方式。年轻的爱因斯坦并不知道宇宙正在膨胀，实际上也没人知道这一点，直到20世纪20年代，维斯托·斯莱弗（Vesto Slipher）和埃德温·哈勃观测到星系正在相互远离。

爱因斯坦的狭义相对论于1905年发表，是一种关于空间、时间和运动的理论。该理论没有特别提到引力，但它预示着牛顿引力理论的终结。原因很简单。根据牛顿的理论，引力是超越任何距离瞬间发生作用的，也就是说，如果太阳发生摆动，地球也将同时在其轨道上发生摆动。根据爱因斯坦的相对论，没有任何物理效应的传播速度能超越光速。太阳光大约需要8分钟才能跨越约1.5亿千米的距离到达地球。

为了找到牛顿引力理论的替代理论，爱因斯坦又花了10年，最终于1915年提出了广义相对论。这一理论被誉为有史以来最伟大的智力成就——它确实是，而且现在仍旧是。这是一个极其优雅和强大的理论。它并没有把引力描述为一种力，而是时间和空间的一种折叠或扭曲。尽管在必要时，该理论可以用力的语言进行重新描述。

当时，爱因斯坦面对的核心问题是推导出一组方程，用以描述由给定物质分布所产生的引力场。他受到了一种深刻的哲学信念的引导，即理论应该是几何的，而引力是扭曲的几何，但在某种程度上不依赖于观测者的观点或用来测量的坐标。比如，地球在P点附近的曲率，不应该取决于测量所在经度是在格林尼治子午线还是麦加子午线。

所有这些限制条件，都限制了爱因斯坦可以用来描述引力场的可能的数学结构。即便如此，仍然存在无数可能性。爱因斯坦做了物理学家面对令人困惑的问题时经常做的选择：保持简单。事实证明，最简单的术语描述的是一种与我们熟悉的引力完全不同的力，例如，它随着距离的增加而增加，而正常的引力是随着距离的增加而减少的。因此，爱因斯坦放弃了它，寻找下一个最简单的描述。之后他找到了一个与正常引力非常接近的描述。事实上，他证明这次的描述与牛顿对引力的描述（平方反比定律）很接近——当引力场较弱，而且受吸引的物体的移动速度比光速缓慢时，引力定是一种平方反比力。

这是一次巨大的胜利，该理论被认为取得了惊人的成功。然而，爱因斯坦对该理论的一个特征感到很困惑。引力一直是天文学和宇宙学领域的重要课题。在几十亿光年的尺度上，引力支配着其他所有的力。因此，好的引力理论应该可以合理地描述整个宇宙。于是，爱因斯坦尝试构建了一个宇宙模型，它基于一个简单的假设，即宇宙中的物质是均匀分布的，在一个非常大的尺度上。

爱因斯坦遇到的难题很容易描述。如果引力一直具有吸引力，那么为什么所有恒星没有在引力的作用下被吸引到一起，发生大撞击呢？实际上，牛顿也想知道为什么宇宙没有在自身引力的作用下坍缩，但他设法回避了这个问题。而爱因斯坦迎难而上，想出了一个现成的解决方案。他的场方程的第一项，也就是他最初放弃的最简单的项，描述了一种力，可以是引力，也可以是斥力。这种力的强度是不确定的，在这个理论中，它是一个任意的参数。爱因斯坦推断，通过选择合适的强度可以调节这种力，使其变成斥力，正好抵消恒星之间的引力。实际上，斥力将会支撑宇宙抵抗自身巨大的重量的影响。

这个斥力可以被当作一种反引力。因为它的强度随着距离的增加而增加，所以在太阳系这样的尺度上，它的影响可以忽略不计。其实在这样的尺度上，原来的理论已经给出了精彩的结论。但从真正的宇宙尺度上来说，宇宙有可能是静态、均匀的，正如当时大多数天文学家认为的那样。爱因斯坦于 1917 年正式发表了宇宙静态模型。场方程中的那个附加项就是宇宙项，它的参数就是决定了斥力强度的宇宙常数。

这不是爱因斯坦最好的理论。首先，宇宙项的引入确实有些牵强。首先，没有合理的理由去修改原有的理论，而且科学家也不喜欢这种临时性的解决方案。其次，很显然，宇宙在引力和斥力之间的平衡很难保持稳定。如果宇宙稍微缩小一点儿，那么正常的引力会稍微变强，但宇宙斥力会变弱。这将会打破微妙的平衡，致使宇宙进一步缩小，最终导致爱因斯坦试图避免的大坍缩。相反，如果宇宙稍微膨胀一点儿，斥力会占上风，随之而来的便是失控的加速膨胀。

但对于爱因斯坦来说，打击更大的是哈勃在大约10年后的发现——宇宙不是静止的，而是在膨胀的。如果爱因斯坦坚持他最初那版的广义相对论，就会得出结论，静态宇宙是不可能的，而且几乎肯定能预测出哈勃的发现。爱因斯坦为错过如此重要的机会而懊恼不已，于是厌恶地放弃了宇宙常数，将其称为他一生中“最大的错误”。不出所料，宇宙反引力的观点在天文学家中不再流行。

这就是20世纪60年代我还是一名学生时的状况。不过，我一直对那些可能存在但不受欢迎的事物很有兴趣。仅仅因为不需要宇宙斥力来使宇宙保持静止，但这并不能从逻辑上证明斥力不存在。毕竟，这是引力场方程中最简单的项。斥力有一个与之相乘的可调节参数—宇宙常数。在那次大反转之后，他宣称这个可调节参数的数值为零。然而，他是怎么知道的呢？可调节参数必须通过观测来测量，除非有深层次的原理可以证明某个特定值是唯一必要的。然而，这样的原理从未被发现，出现的只有偏见。

我们如何判断宇宙常数是否为非零呢？实际上，它会以宇宙膨胀的形式表现出来，膨胀速度会比没有宇宙学常数的情况更快一些。然而直到最近，天文学家都无法确定宇宙的膨胀速率，更不用说其中的微小偏差了，因此观测结果与非零值相一致，但并不能证明其必然性。

我认为，必须有其他原因来解释为什么非零宇宙常数是个好主意，还需要来自不同科学分支的其他证据。20 世纪 70 年代，我发现另一个证据。当时我正在研究场的量子理论，这是一个与宇宙学相去甚远的课题。量子场论学家一直在研究真空的性质。真空即空的空间。根据量子理论，完全的虚空只存在于神话中。可以肯定的一点是，我们可以移除某个空间中所有的原子和光子。但即便如此，仍然有无法被消除的残留物。这种残留物由所谓的虚粒子组成，它们转瞬即逝，不知从何处自发地出现，又在很短的时间内再次消失。这些虚粒子之所以时隐时现，是因为受到了量子不确定性的驱动，而这正是爱因斯坦所讨厌的。在很短的时间间隔内，能量的随机激增会从无到有地产生虚粒子，而波动则会破坏它们。就这样，虚粒子在现实中忽隐忽现，在存在与不存在这两种状态之间切换。

我们几乎注意不到这些幽灵般的实体，但它们会在原子和其他量子系统的属性中留下独特的印记，使我们知道它们的存在。20 世纪 70 年代，我和其他理论物理学家想知道的是，这些虚粒子是否和实粒子一样以相同的方式产生引力。这些转瞬即逝的量子物质真的具有引力吗？如果有，那么虚粒子的重量是多少呢？

计算表明，在引力游戏中，你无法将真实的东西与虚拟的东西分开，因为它们都有贡献。然而，令人震惊的是虚粒子的引力的作用方式。精确的细节取决于虚粒子短暂出现的背景时空的几何形态，但总有一种力与爱因斯坦的宇宙常数完全相仿。由此得知，量子真空效应自动地产生了宇宙斥力。所以，问题不在于为什么斥力应该被包含在引力场方程中，而在于为什么它应该被忽略。

当然，最棘手的问题是，量子真空产生了多少反引力。我们在这个问题上遇到了困难。从表面上看，计算表明真空中聚集的能量总量是无限的，其产生的反引力无限强大。这个结果真是“富裕”得令人尴尬！

每当一个可观察物理量的计算结果呈无穷大时，我们都会警觉起来。显然，这些计算中存在不合理的假设。不难看到问题出在哪里。虚粒子产生的宇宙斥力取决于它们持续存在的时长。那些快速出现又消失的粒子产生的（反）引力，比那些存在时间更长的粒子产生的（反）引力要大。而我们的计算假设，虚粒子的存在时间没有下限。实际上，这是一种双重考虑。产生虚粒子的量子涨落同样也会影响到它们所处的时空，使其产生轻微的晃动。这种影响很小，但在真正的微观尺度和持续时间层面，量子涨落可能会导致空间和时间的结构发生剧烈变化。几十年前，微观尺度的概念就被提出，并以量子理论的创始人马克斯·普朗克的名字命名，被称为普朗克尺度。普朗克时间为 10^{-43} 秒。从物理学上来讲，你没法把时间分割得比这更短。

因此，普朗克时间是虚粒子寿命的自然下限。将这个限制条件引入反引力的计算，便会产生一个有限的结果，但这仍然是一个令人头疼的问题。计算得出的斥力强度大约为观测所允许的最大值的 10^{120} 倍。这个数值可太大了，一个数字后面跟了 120 个零！

理论和观测结果明显不相符的现象被称为宇宙常数问题。几十年以来，很多物理学家认为，这个问题可以通过一个更复杂巧妙的理论来解决，也许在这个理论中，某些虚粒子对宇宙斥力的贡献是负的，恰好抵消了其他虚粒子产生的斥力，使得一切归零。爱因斯坦会喜欢这个理论的。然而，这个方向的尝试并不尽如人意。我认为，由于人们对宇宙常数存在固有偏见，这使其很难发挥作用。显然，肯定存在某种抑制机制，可以大幅降低宇宙斥力的强度，但没有充分的理由可以说明为什么一定要使其精确地降低为零。

我来总结一下 20 世纪 90 年代初所看到的情况。最普遍的引力场方程由一系列可能的项组成，每一项都乘以一项强度参数，这个参数必须通过实验或观测来确定。最简单的项就是宇宙斥力，接下来应该是牛顿的引力。还有其他更复杂的项。爱因斯坦最终决定只选择第二项，并将其他所有项的强度参数设为零。然而，没有这些强度参数的理论，选择零是不合理的，特别是当有关简单的量子真空的计算得出的是非零值时（甚至数值非常大）。我是这样认为的。我甚至写了一本书（《关于时间》，1995 年）来支持宇宙常数为非零值的观点，但很少有物理学家或宇宙学家认可我的论点，除了当时在牛津大学任职的乔治·埃夫斯塔西奥（George Efstathiou）。爱因斯坦遗产的影响力是如此巨大，而且之后他对宇宙常数极度反感，以至于只有直接观测到宇宙斥力才能改变人们持有的偏见。

出乎意料的是，证据很快便出现了。20 世纪 90 年代后期，两组国际天文学家宣称，如果宇宙的膨胀仅受到引力影响，那么宇宙膨胀的速度会比应有的膨胀速度更快。他们的结论是基于对遥远的超新星的研究得出的。超新星爆发可以产生极其明亮的光，据此可以计算出地球与超新星之间的距离，从而测量宇宙的膨胀速度如何随着时间变化。

接下来，我解释一下一个传统的观点。宇宙标准模型认为，宇宙起源于一场大爆炸——我们现在都知道它发生于 137 亿年前。起初，宇宙快速膨胀，但在所有物质的引力作用下，宇宙的膨胀速度逐渐减慢了，这个过程就如同抛向天空的球在上升的过程中逐渐减速。对于宇宙中密度确定的物质，我们可以计算出预期的减速，并与观测结果进行比较。

现在需要考虑的问题是，如果包括宇宙斥力，膨胀会受到怎样的影响。在短距离内，斥力非常小。因此，在大爆炸刚发生之后，宇宙还缩为一团时，斥力非常微弱，无法产生影响。但随着宇宙不断膨胀，斥力会增强，直到超过引力。这个时候，宇宙的膨胀会停止减速，开始加速。这与天文学家观测到的现象基本一致，膨胀速度的转变大约发生在 60 亿年前。如果爱因斯坦今天还活着，对于这一现象，他肯定会不知所措。

有好几种理论可以解释宇宙的加速膨胀，但最简单的解释仍然是爱因斯坦的宇宙常数，或量子真空的能量——现在被称为“暗能量”。但这件事不能就此了结。宇宙常数的问题仍然未解决。我们仍然需要解释为什么暗能量的总量比基于量子场理论得出的自然值小那么多（10^{120}）。

即使是建立统一理论中最雄心勃勃的尝试，例如当前流行的弦理论或相关的 M 理论，也对此没有什么帮助。事实上，有些领先的理论学家对此有一丝绝望，认为宇宙斥力的强度是一个随机变量，它在当前宇宙呈现出这样一个恰如其分的微小值，实属偶然。他们宣称，以上帝的视角来看，几乎所有地方的斥力都要强大得多。在一些典型区域，宇宙斥力非常强烈，以至于所有物质在有机会形成任何恒星或星系之前就发生爆炸。因此，我们发现自己生活在这样一个非典型的宇宙，其中一个原因是生命不可能存在于飞速膨胀的宇宙区域。正如宇宙房地产经纪人可能会说的那样，生活的关键是位置，位置，位置。

我很确定，爱因斯坦一定不喜欢对宇宙常数之小的这种人为解释。他认为，物理世界的基本特征源于至高无上的宏大法则，这些法则优雅简洁，能够解释物理世界的一切现象。他会寻找一个深层次的原因，来解释为什么宏大宇宙中引力和斥力之间的拉锯战应该是一场势均力敌的竞赛，而不是斥力获得压倒性的胜利。

因此，挑战仍然存在。爱因斯坦多次考虑又多次放弃的宇宙常数必须再次得到重视。迄今为止，就连世界上最优秀的理论物理学家都无法令人信服地解释这个术语的重要性。我们可能需要另一个爱因斯坦来给出答案。

20 MY EINSTEIN

Einstein in the Twilight Zone
“迷离时空”里的爱因斯坦

理论物理学家、天文学家 | **劳伦斯 · 克劳斯** (Lawrence M. Krauss)

亚利桑那州立大学教授，凯斯西储大学前物理学兼天文学教授。

劳伦斯 · 克劳斯致力于研究基本尺度范围内的量子现象与宇宙学之间的关系，倡导公众对科学的理解、基于健全的经验数据的公共政策、科学质疑和科学教育，对于科学普及和教育做出了重要贡献。

克劳斯在科学生涯数度荣获国际知名奖项，如道金斯奖、奥斯特奖章、科学传播写作奖等，与此同时，他也是一位作品畅销全球的知名作家，在代表作《无中生有的宇宙》(*A Universe from Nothing*)、《最伟大的智力冒险》(*The Greatest Story Ever Told-So Far*) 中，劳伦斯 · 克劳斯以专业的知识为背景，带领读者探索了宇宙如何从无到有、人类存在的意义等诗意的话题。

爱因斯坦树立了现代科学家的形象，他既探索宇宙最深的奥秘，又关心人类的生存。

——劳伦斯·克劳斯

MY EINSTEIN

20 “迷离时空”里的爱因斯坦

劳伦斯·克劳斯

在写《藏身于镜中》(*Hiding in the Mirror*)这本书时，我有机会看了旧版的《迷离时空》(*The Twilight Zone*)中的一个情节：一个小女孩消失在墙后进入了“第四维度”。剧中的主人公是一位勇敢的物理学家，他凭借一块粉笔和敏捷清晰的思维，在小女孩坠入的传送门永久关闭之前，救了她、她的父亲和狗。

这部剧唤醒了我被压抑的童年记忆。我最初决定成为一名物理学家的部分原因，就是希望成为这样的科学家英雄。我还意识到，如果没有爱因斯坦，影视剧中可能永远都不会有这样的角色。爱因斯坦树立了现代科学家的形象，他既探索宇宙最深的奥秘，又关心人类的处境。毫无疑问，他是20世纪的科学家超级英雄。

除了对流行文化的巨大影响，爱因斯坦的遗产还遍布整个科学界。一代又一代像我这样雄心勃勃的犹太孩子，拒绝父母让我们上医学院的建议，放弃富有的前程，就是为了有机会成为像爱因斯坦这样伟大的理论物理学家。正如我告诉妈妈自己的计划时，她轻蔑评价的那样，“他们的外套上有粉笔灰”。虽然收到了许多严厉的警告，但当我深夜独自坐在书房里，想象着自己成为历史上第一个理解某些重要的创造性成果的人，那场景令人神往不已。爱因斯坦不仅影响了初出茅庐的科学家，也极大地影响了在职的科学家。如果你前往爱因斯坦最后十几年工作过的普林斯顿高等研究院便会发现，最受尊敬的是那些用粉笔和黑板讲学的人，而非那些借助电脑幻灯片演讲的人。

当然，爱因斯坦的巨大影响力不仅来自他的个人魅力，还来自其实质性的贡献。在生命的最后 30 年，他一直在独自研究能够统一所有相互作用的理论，但最终毫无成果。这项研究中存在一个明显的障碍，即自然界中四种已知相互作用中的两种尚未被发现，更不用说解释了。这些年，我们成功地建立了一种理论框架，来描述并正确地预测与三种非引力有关的所有现象，这三种现象分别是电磁相互作用、弱相互作用、强相互作用。但令人遗憾的是，到目前为止，引力的根本问题尚未解决。

阻碍来自爱因斯坦，因为这涉及爱因斯坦著名的宿敌——量子力学。迄今为止最难的一个问题是，推导出与广义相对论完全一致的量子力学公式，该公式可以做出预测并被验证。然而，一部分问题在于，与我们目前可以测量的基本粒子之间的其他相互作用相比，引力非常微弱，很难探测到量子效应。另一部分问题在于，广义相对论的本质似乎意味着，如果将使自然界中其他相互作用与量子力学相兼容的标准方法应用于引力，将会产生荒谬的结果。

针对这一问题，科学家提出了两种解决方法，它们都反映了爱因斯坦的遗产。第一种方法需要付出一代人的努力，那就是推导出一种新的统一理论，该理论包含引力和自然界中的其他相互作用，同时产生与之相一致的量子理论。这一理论必须能将广义相对论纳入一个更普适的公式里，从而能够克服量子化方式带来的典型障碍，即理论预测出的无数个无限大的项。不久，科学家便提出一个候选理论。它在过去几年里被赋予了多个名字，开始是弦理论，之后变成 M 理论，即以膜为特征的更全面的弦理论。M 代表着膜、母亲、母体或者神秘，你喜欢哪个含义就可以选哪个。

值得注意的是，如果假设在某个基本层面上，我们之前认为的点粒子反映了振动弦的各种激发状态，那么就会出现几种神奇的结果。首先，这样的理论需要一种具有引力特性的粒子，在量子力学的引力理论中，这种粒子将会传递引力。其次，从原则上来说，这样的理论至少有可能避免困扰广义相对论的量子版本中通常出现的无穷大问题。然而，第一种解决方案是有代价的：弦理论及其后继者在四个维度上无法达成一致，而要解决这些不一致的情况，则需要十、十一或二十六个维度。

更糟糕的是，这种理论本身非常复杂，我们尚不完全确定基于这个理论会在宏观尺度上得出怎样一个有效的四维宇宙，或者说，它能否推演出这样一个宇宙。目前，我们还无法解释如何处理这些维度。难道它们蜷缩成小球隐藏起来，小到无法通过现在的实验手段检测？或者，“维度”本身就是一个过时的概念，不适合应用在这样的理论中？虽然我们得出了很多有吸引力的理论结果，但它们远远超出了物理学手段可验证的范围。我们不得不等待一些更新奇的想法或新实验手段出现，以确定这一方法是否可行。

第二种解决方法是爱因斯坦自己觉得更令人满意的一种方法。他从未完全接受量子力学测量的随机性，而是力求对理论进行修正，使量子力学的预测、使其物理上可观察到的测量具有完全的确定性。最近，一些有影响力的物理学家，包括诺贝尔奖获得者杰拉德·特·胡夫特提议重新审视这一可能性：广义相对论问题的根源是量子力学，而不是引力。目前，有许多物理学家正在研究这些不同方法，根据研究不同方法的物理学家的数量，我们推测这种力量很可能存在于 M 理论中。时间会证明这一切。

爱因斯坦的遗产影响的不仅是对基本粒子相互作用的研究，而且主导着对当今宇宙中最大的天体的动力学研究，包括整个可观测宇宙本身。1998 年，宇宙的膨胀被证实正在加速，而非减速；哈勃于 1929 年第一次测量到宇宙正在膨胀。这看起来很不合理，因为对于所有正常形态的物质和辐射来说，引力产生的作用力是相互吸引的，因此星系和星团之间的引力应该会使膨胀速度减缓。1917 年，为了解释这种不正确但明显存在的事实，即宇宙在大尺度上是静态的，爱因斯坦在方程中引入了一个常数，从而能够抵消引力。这个常数就是众所周知的宇宙常数，它代表着一种遍布宇宙空间的斥力，能够抵消遥远天体之间的引力。

然而，爱因斯坦犯了一个数学上的错误，宇宙常数永远也不可能带来一个静态稳定的宇宙。相反，宇宙正在膨胀这一事实消除了斥力的必要性，因为在膨胀的宇宙中，引力产生的是纯粹的吸引力，可以减缓膨胀，甚至逆转它。爱因斯坦曾承认，引入宇宙常数是他人生中“最大的错误”。

现在看来，他人生中“最大的错误”可能是过早地放弃了宇宙常数。我们目前尚不知晓宇宙加速膨胀的起因，但它很有可能与宇宙常数有关。现在，我们对这一常数有了新的理解，但与爱因斯坦的理解角度完全不同。事实上，如果宇宙中布满能量，那么自然会引出宇宙常数。将量子力学理论与相对论结合后得出的结论暗示着，宇宙常数应该存在，也就是说，宇宙中应该遍布能量。然而唯一的问题在于，当我们试图估测宇宙中应该有多少能量时，得出的数值比观测值大 10^{120} 个数量级。显然，在量子力学和引力理论的交汇处，还有一些我们不了解的奥秘。不管是否有必要从根本上修改我们对爱因斯坦理论的理解，他的理念都很有可能是问题的核心。

然而，对于像我这样的科学家来说，爱因斯坦之所以成为我们心目中的超级英雄，不仅因为他在物理学上做出的影响深远的贡献，而且是因为他深切地关心人类的境况。他写了大量有关社会议题的文章，极大地发挥了他作为一名科学家公民的作用。这具有重大意义，因为爱因斯坦天性腼腆，不愿公开露面。不过他也意识到，不管自己是否喜欢，科学事业的成果与人类共同的福祉紧密相关。他也足够机智，认识到名人身份所带来的公众影响力，但在私生活中他毫不在意这一点。举例来说，1939 年夏天，匈牙利物理学家莱奥·西拉德和其他科学家起草了一封信，计划请爱因斯坦寄给美国前总统罗斯福，力求说服他批准关于核武器的研究。爱因斯坦同意了，尽管他长期以来都是一位和平主义者。经历过纳粹政权残酷统治的他确信，当时不采取行动的危险大于采取行动的危险。

随着爱因斯坦的名气逐年增大，他被要求以自己的名义参加越来越多的活动，但他不顾外界的压力，一直秉持着自己的核心原则。最令人印象深刻的原则之一是，之后的学者应该将关注点放在他的科学成就之上，而非他的私人生活上。一个有趣的社会学现象是，社会以不同的方式将艺术家与他们的艺术作品联系起来，古希腊人认为，人类创造力的成果与其创造者应该是分开的。与当今时代不同的是，那个时代没有迷恋名人的个人崇拜现象。当梳理爱因斯坦的丰厚科学遗产时，我意识到，我似乎成了我们这一代人迷恋名人的牺牲品。因此，我想重申爱因斯坦本人对后代的告诫，那就是：我们应该尊崇的是他的思想，而非他这个人。当我们思考这个被现代社会认为典型的心不在焉但才华横溢的科学家的科学遗产时，应该意识到，正是他思想的力量使他与流行文化和科技事业的诸多方面联系在一起。爱因斯坦确实在穿正装时没穿袜子，一生之中也确实有过多件风流韵事，但他获得的科学成就才是他真正的遗产。在庆祝他的狭义相对论发表百年纪念日时，我们应该以他希望的方式记住他。

虽然在某种意义上，我对爱因斯坦本人成为一种文化现象感到遗憾，但又不禁想到，在这样一个英雄因为他们的外表甚至暴力而成名的社会中，拥有一位科学家超级英雄令人耳目一新。他的思想如此深远地渗透进社会的每个角落，甚至在连续剧《迷离时空》中都能发现他的踪影。

21 MY EINSTEIN

No Beginning and No End
没有开始，没有结束

物理学家，准晶发现者，暴胀宇宙模型提出者 | **保罗·斯坦哈特** (Paul Steinhardt)

暴胀宇宙模型的提出者之一，狄拉克奖章获得者，普林斯顿大学阿尔伯特·爱因斯坦科学教授。目前在普林斯顿大学物理学系和天体物理学系任职，研究范围包括粒子物理学、天体物理学、宇宙学以及凝聚态物理学等主题。2002 年，斯坦哈特获得了国际理论物理学中心颁发的狄拉克奖章。

斯坦哈特也是准晶的发现者之一，他和学生多夫·莱文率先提出了“准晶”这个革命性的理论概念；30 多年后，他与卢卡·宾迪一起指导团队在堪察加半岛发现了三种不同的天然准晶。他将自己发现准晶的曲折故事记录在《第二种不可能》(*The Second Kind of Impossible*) 中，该书入围皇家学会洞察投资科学图书奖，被誉为“过去 50 年来引人入胜的科学探索故事之一”。

我之所以关注爱因斯坦，与其说是因为他在科学上做出的巨大贡献，不如说是因为他对宇宙整体的基本直觉和他展现的哲学观。

—— 保罗 · 斯坦哈特

21 没有开始，没有结束

保罗·斯坦哈特

爱因斯坦在我2岁时就去世了，因此在我生命的大部分时间里，他是位离我很遥远的传奇人物。但自从我1998年搬到普林斯顿后，我感觉他时刻都在我身边。爱因斯坦生前任职的高等研究院离我在普林斯顿大学的办公室只有几千米远，他也是该机构的创始成员之一。在每天去学校的路上，我都会经过爱因斯坦生前位于美世街的白色房子。在这条街对面的物理系旧楼里，壁炉上方刻着爱因斯坦的名言“上帝是微妙的，但他没有恶意”。我每天早上喝咖啡的休息室里放着一尊爱因斯坦半身像。我回办公室的路上还会经过一面挂满了照片的墙，上面是爱因斯坦在普林斯顿大学会见著名物理学家的照片。我的书架上放了几百本物理学教材，它们的编写都基于爱因斯坦的科学贡献，甚至我在普林斯顿大学的教授头衔都以爱因斯坦的名字命名。然而，最令人震惊的是，我的研究方向不知怎的发生了改变，想法越来越倾向于爱因斯坦及其对宇宙本质的见解。

也许对于研究宇宙起源和演化的人来说，这些并不足为奇。毕竟，宇宙万物受引力支配，因此爱因斯坦的广义相对论必然是当代宇宙学模型的基础。不过，我之所以关注爱因斯坦，与其说是因为他在科学上做出的巨大贡献，不如说是因为他对宇宙整体的基本直觉和他展现的哲学观。

在爱因斯坦第一次尝试将广义相对论应用到宇宙时，他的哲学观就已显露无遗。那是在 1917 年，就在他提出革命性的引力理论之后不久。1919 年，亚瑟·爱丁顿的日食观测证实了这一点。爱因斯坦那不可思议的直觉几乎在物理学的每个领域都获得了成功，因此他自信地提出了一个大胆的新宇宙模型。关于该模型的论文为该领域设定了一些新的标准，而且其中引用的很多技术知识仍然是宇宙学不可分割的一部分。

然而，人们普遍认为爱因斯坦在宇宙学方面的成就好坏参半。他的研究基于这样一种信念，即当前宇宙是静止不变的，但在接下来十几年里，这一假设被否定了。在维斯托·斯利弗（Vesto Slipher）和埃德温·哈勃证实宇宙正在膨胀之后，大多数宇宙学家摒弃了“静态宇宙”的概念，转而支持另一种概念，这种概念最终发展为今天标准的热大爆炸宇宙学模型。弗雷德·霍伊尔（Fred Hoyle）、赫尔曼·邦迪（Hermann Bondi）和托马斯·戈尔德（Thomas Gold）曾经提出了稳态模型的假设，为挽救爱因斯坦静态宇宙模型做了最后一次尝试，但这一尝试随着 20 世纪 60 年代类星体和宇宙背景辐射的发现而宣告失败。目前的共识是，爱因斯坦的静态宇宙模型是错误的。宇宙在约 140 亿年前有着明确的开端，并有着奇怪的、不确定的未来。宇宙学家大多谅解了爱因斯坦的“错误”，因为他几乎没有天文观测作为基础，而且对基础物理学即将获得的突破一无所知——这些突破才能充分支持热大爆炸宇宙学模型。

然而，近 90 年之后，我非常想知道爱因斯坦的直觉是否真的像大多数宇宙学家所认为的那样错得离谱。关于宇宙加速膨胀现象和关于时空的最新发现和想法，使我开始重新思考这位大师的观点。

宇宙加速膨胀这一事实促使科学家重新审视宇宙常数。宇宙常数是爱因斯坦在其 1917 年的开创性论文中首次提出的，目的是使宇宙保持静止。他曾意识到，由于物质的引力自我吸引，因此宇宙不可能只有物质本身就能保持静止。他十分渴望维护静态宇宙模型，于是决定破坏他那美丽的广义相对论方程来对抗物质坍缩的趋势，最终引入“宇宙常数”来产生反引力作用，以调和引力作用，使宇宙保持平衡。在哈勃和斯利弗证伪了静态宇宙模型之后，爱因斯坦撤回了对广义相对论的修改，宣称这是他人生中最大的错误。此后，宇宙常数似乎渐渐被遗弃。

20 世纪 90 年代，基于对宇宙背景辐射、星系分布、遥远的超新星的光等宇宙学现象的观测，科学家得出一个共同的结论：宇宙正在加速膨胀。这一事实意味着，宇宙中的大部分能量由一种类似于（或者可能正好等于）宇宙常数——一种被称为“暗能量”的反引力能量组成。爱因斯坦“最大的错误”再度盛行了起来，他再一次被誉为有远见的人。

然而，在热大爆炸宇宙学模型中，暗能量的作用力没有爱因斯坦所想的那样强大。不过，这并不妨碍宇宙有一个起始点。在宇宙几十亿年的演化过程中，物质和辐射被创造出来，能量在整个空间的分布也被确立，但它并没有发挥什么作用，它也没有参与第一个星系、恒星、行星的形成。对于宇宙的剧烈演化来说，暗能量一直无足轻重，直到100亿年之后才真正开始发挥作用，但它们产生的斥力并没有带来爱因斯坦所预想的静态宇宙。相反，对于可预见的未来而言，暗物质促使宇宙加速膨胀，逐渐将宇宙变为一片真空的荒原。

具有讽刺意味的是，暗能量的发现意味着爱因斯坦在这方面的直觉是正确的，只是与他最初的愿景背道而驰！也许暗能量的发现有着更深的意义？这是否预示着1917年的爱因斯坦比今天的我们更接近真理？

我其实正在思考这些问题，在过去的几年里，我和剑桥大学的尼尔·图罗克（Neil Turok）一直在寻找热大爆炸宇宙学模型的替代模型。我们一开始的目标是构建一个与标准宇宙学模型不同的模型，使它做出的预测与当前的观测结果一致，并且具有相同的精确度。当我们沿着这个方向开始探索时，并不知道会有怎样的结果。考虑到许多最新的天文观测结果已经排除了所有的竞争对手，想要获得成功看上去希望很渺茫。尽管如此，我们仍然坚持了下来，并发现了一个出乎意料、简单又合乎逻辑的替代方案，我们称之为循环宇宙模型。事实证明，我们无意中找到了热大爆炸宇宙学模型的替代方案，它同样能够有效地解释我们观测到的宇宙，而且更能体现爱因斯坦的愿景。

循环宇宙模型颠覆了传统的热大爆炸理论。正如爱因斯坦所述，空间和时间永恒存在。大爆炸并非时间的起始，而是通向预先存在的时代的桥梁。宇宙经历着永无止境的循环，在大坍缩中收缩，在膨胀的大爆炸中重新诞生，其间经历了几万亿年的演化。在循环中的任意一点，宇宙的温度和密度都不会变得无穷大，不会超过一个有限的值。实际上，它们从不会超过一个有限的范围（大约 10^{24} 度）。确定宇宙大尺度结构的关键事件，即物质和辐射的均匀分布、没有明显的曲率和扭曲的空间、形成星系的种子，并不像传统模型所认为的那样，发生在大爆炸最初瞬间的膨胀期，相反，它们发生在大爆炸前的缓慢收缩期。

宇宙每发生一次大爆炸，都会经历一段先由热辐射主导、后由暗物质主导的周期性膨胀期。在这一百亿年间，原始的丰富元素、第一个原子、宇宙背景辐射、行星、恒星、星系都将被创造出来。接着，暗物质开始占主导地位，并持续万亿年。在此期间，宇宙空间经历了一段加速膨胀期，物质、熵、黑洞和前一轮循环期间所产生的所有物质碎片，都极其均匀地扩散开来，空间中的曲率或扭曲都被消除了。物质的分布如此稀薄，以至于曾经繁星闪烁的宇宙接近完美的真空状态。随着膨胀不断继续，暗能量的密度降低，最终导致加速膨胀停止，宇宙开始大坍缩。从大坍缩到大爆炸的反弹会自动为宇宙补充新的物质和辐射，开启新一轮的膨胀和冷却。量子效应使这种反弹在某些地方比其他地方先一步发生，致使物质和辐射分布产生小的波谷与波峰。这些不均匀性就是形成星系和大尺度结构的种子。

循环宇宙模型是基于超弦理论中关于空间和时间的新想法建立的，而超弦理论是统一理论最有希望的候选者。这是循环宇宙模型与爱因斯坦的另一层联系，因为他是寻求统一理论的先驱，他对那些从几何效应角度重新解释相互作用的理论特别感兴趣，比如广义相对论。半个多世纪之后，理论学家仍在热切地追寻着爱因斯坦的梦想。根据这种观点，所有粒子和力都源于十维空间中单一类型几何实体（一维弦）的振动、旋转和重新连接。循环宇宙模型就建立在这一思想的基础之上，通过几何解释了暗能量、大坍缩、大爆炸。在超弦理论的超级版本——M 理论中，我们熟悉的三维宇宙被嵌入一个具有额外维度的空间。为了便于理解，我们只考虑一个额外维度。离我们的三维宇宙一个微观距离外，存在另一个与我们所在的宇宙相似的三维宇宙。两个宇宙可以相对运动并相互影响，但是我们无法进入或看到另一个宇宙，因为组成我们的粒子（电子、夸克、光子等）只能在通常的三维空间中运动。

根据循环宇宙模型，暗能量是由于两个宇宙之间存在像弹簧一样的力，这种力具有两种不同的效应：第一，当两个宇宙相距很远时，储存在“弹簧”中的能量的引力效应，使我们所在的三维宇宙加速延伸，这对应于我们观测到的加速膨胀现象。第二，“弹簧”也能将两个宇宙拉扯到一起，导致碰撞并“回弹分开”，碰撞产生的热量产生新的物质和辐射，这样，三维宇宙便会再次开始膨胀。这对应于从大坍缩到大爆炸的转变。由于量子不确定性效应，在不同的地点，宇宙之间发生碰撞的时间略有不同，导致物质和辐射的分布略有不均，为星系的形成埋下种子。当前的宇宙源自大碰撞，具有解释我们观察到的宇宙特性所具有的所有属性。

虽然循环宇宙模型和标准的热大爆炸宇宙学模型提出的宇宙演化史截然不同，但我们很难将它们区分开来。在对均匀性、平坦度及微小的密度变化的预测上，两种模型得出的结果是完全相同的。关键的区别在于，在引力波的分布情况上，两种模型的预测大不相同。引力波是空间中的涟漪，以光速在宇宙中传播。虽然两种模型一致认为，广谱的引力波与形成星系的种子是同时产生的，但在引力波振幅随波长的变化这一问题上，两者得出的结论截然不同。未来十几年，我们将会在地面、高空科学气球和卫星上进行大量实验，以搜寻这些原始的引力波，从而确定宇宙真正的演化史。

回顾循环宇宙模型，最令我震惊的是，它与爱因斯坦的愿景非常契合，但与过去 90 年的任何观测结果都不矛盾。虽然我从未见过爱因斯坦，但我感觉我们之间生发了一种亲密的智慧联结。对于大部分宇宙学家来说，宇宙源自大爆炸的观念太过根深蒂固，以至于他们忽视了循环宇宙的可能性。然而，爱因斯坦更具有同理心。在接受了宇宙正在膨胀的事实很久之后，他在 1945 年出版的《相对论的意义》一书中强调："人们可能无法断定'膨胀的开始'必然意味着奇点。"

爱因斯坦发明了以宇宙常数形式存在的暗能量，以使宇宙不随时间发生变化。当他看到暗能量在确保宇宙循环中也发挥着核心作用时，可能会很欣喜。在某些方面，引入暗能量会产生更神奇的作用。一方面，它清除了先前循环中的碎片，将自身的作用力从加速力转变为收缩力，使宇宙开始大坍缩。另一方面，由于某些现在还未知的技术原因，暗能量确保了宇宙稳定地进行周期性的循环。

爱因斯坦可能更喜欢静态宇宙，但从哲学的角度来说，循环宇宙有着类似的吸引力。两者都意味着，宇宙没有开始，也没有结束。"静态"意味着宇宙的平均性质从始至终都一样。"循环"也可以理解为保持平均的物理条件不变，前提是取多次反弹的平均值。从这个意义上来说，循环宇宙模型是爱因斯坦的愿景和观测现实之间的最佳折中点。或许到了爱因斯坦的开创性宇宙学论文发表百年之际，实验会告诉我们，自然界是否选择了这种折中。

22 MY EINSTEIN

Where Is Einstein?
爱因斯坦在哪儿？他无所不在

实验物理学家，阿彭斯物理中心研究员 | **玛利亚·斯皮罗普鲁**（Maria Spiropulu）

实验物理学家，加州理工学院物理学教授，芝加哥大学恩里科·费米研究所前费米研究员。曾在多个重量级研究机构担任重要职务，如费米实验室物理咨询委员会主席、美国高能物理咨询小组成员、国际物理学论坛主席、美国物理学会物理政策委员会成员，也是阿彭斯物理中心的成员。

斯皮罗普鲁在近期的研究中致力于探索和应用量子计算和人工智能工具以加速高能粒子物理学和其他领域的重大发现。

今天，爱因斯坦在哪儿？实际上，他的身影无所不在。

——玛利亚·斯皮罗普鲁

22 爱因斯坦在哪儿？他无所不在

玛利亚·斯皮罗普鲁

2004 年 5 月 28 日，巴黎，地铁里。地铁滑动门上方贴着一张印有爱因斯坦肖像的巨幅海报，上面有着他那典型的头发和眼神。旁边是一张年轻、时尚的 21 世纪雅皮士的照片，他笑容灿烂，商业范儿十足，下面用法语写着："爱因斯坦不在，但我们（某公司及公司员工）随时奉陪！"

2004 年 7 月初，鲁辛。在日内瓦郊区葡萄园的一家小餐馆里，一位红发服务员迫不及待地想要打发我们。欧洲核子研究中心在巴黎举行了一次研讨会之后，又在自身所在地举办了一次卫星会议。我是和来自美国的朋友与同事一起来的，他们中有弦理论家，也有当今理论物理学界典型的激进分子。我在这里人生地不熟，不过我听从了一位瑞士同事的建议，开车在实验室附近的乡村间随意穿梭，发现了各式各样的餐馆。在晚餐的最后三个小时里，我们一直在讨论当时的各种物理学问题，并围绕爱因斯坦展开辩论和思考，特别是他和戴维·希尔伯特（David Hilbert）

针对水星轨道问题各自提出的引力方程的独立或相互依赖的程度。事实证明，物理学家，尤其是理论物理学家之间的对话既不会很简短，也不会沉闷。我们是最后离开餐馆的一桌人，几乎是被赶出去的。

2004 年，7 月中旬，维也纳，大型强子对撞机物理学研讨会。最后一个演讲者是来自费米实验室的克里斯·奎格（Chris Quiqq）。我记得他的结语是："下一个爱因斯坦会将科学思维引领向何方？"

2004 年，7 月末，欧洲核子研究中心。我问斯坦福大学粒子理论学家和模型构建者萨瓦斯·季莫普洛斯（Savas Dimopoulos），是什么激励他成了一名物理学家。他回忆起了小时候在雅典读过的两本关于爱因斯坦的传记。

那个夏天，我不断收到以"爱因斯坦"为主题的邮件，因为马上就到他奇迹年（1905 年）的百年纪念日了。其中最吸引人的一条消息是，2004 年 8 月 8 日至 8 月 11 日，阿斯彭物理中心将举办一场"雄心勃勃且引人注目的公开会议，旨在探讨爱因斯坦及其著作在科学、社会、文化、知识分子事务等领域产生的影响力"。这场活动的入场券费用高达 700 美元。我向一位打算参加这场活动的同事询问具体情况。关于爱因斯坦，他的工作、生活以及天赋，有什么我们可以学习的吗？小组成员除了谈论他们自己的天才本质之外，还会讨论些什么呢？正如我所怀疑的那样，这只是一种神学崇拜仪式，这个特殊的群体会在活动中相互交谈，连接彼此的就是他们的神——爱因斯坦。这是精英们的浮华仪式，一场高智商的表演。事实证明，科学记者丹尼斯·奥弗比（Dennis Overbye）对爱因斯坦本人及其科学家身份的了解，比我所知的任何人都多。

前一年，我和奥弗比聊起他的新书《恋爱中的爱因斯坦》（*Einstein in Love*）和爱因斯坦本人，当时他正在参观费米实验室的万亿伏特粒子加速器。他告诉我，为了真实地呈现爱因斯坦的生活和工作状态，他在欧洲追寻了 7 年。这是一项不同凡响的任务，其中涉及法律事务、获得档案的官方授权和翻译事宜等。我不记得是否问过他，为什么要做这些，可能是问了，但不记得他的答案了。

自从我宣布自己是一名物理学家的那一天起，爱因斯坦在某种程度上成了我们家庭矛盾的一个焦点。我父亲认为物理学研究对任何人，尤其是对他自己，没有什么直接的好处。每当我从大学回到家中，父亲总会问同样的问题："一个世纪以后，你会获得超越爱因斯坦的成就吗？不会？目前也不会？那么，我们什么时候能看到一些物理学上的进展？"现在他仍旧会问同样的问题。

我最近从芝加哥郊外的费米实验室搬到了欧洲，在欧洲核子研究中心工作。这是一家大型实验室，我在读本科时就来过这里，当时我在一个名为"技术助理 2"的实验支持部门工作过一段时间。之后不久，我便被粒子物理学的魔力所吸引，并为之奋斗了一生。在我看来，日内瓦被戏称为瑞士、法国、德国的大都市，因此在抵达这里前的6个月，我就开始为过渡做准备。我想，“如果那里脏乱不堪，好吧，爱因斯坦也在那里生活过”，这个想法可以让人舒服不少，甚至很受鼓舞。我刚刚读完奥弗比的《恋爱中的爱因斯坦》第二遍。受这本书的感召，我非常激动能有机会参观伯尔尼这座古城和伯尔尼专利局周边的街区，再从苏黎世游荡到苏黎世联邦理工学院附近的一个小咖啡馆。米列娃和爱因斯坦常在那里与一群知识分子打发时间，爱因斯坦还会时不时地拉拉小提琴。

我确实去了伯尔尼，但由于时间限制，我没有去爱因斯坦曾工作过的专利局，或者其他任何地方。我向瑞士国家科学基金会提交了一份研究提案。不久之后，我意识到这里的工作形式并不是我习以为常的那种。你不能刚一到岗就将自己的想法放在桌面上，并期望获得研究基金。这是不可能的。由于没有在该系统的工作经历，也没有高级研究人员或管理人员为我牵线搭桥，我的提案一定会被丢进垃圾桶。有人还给了我一条友好的建议：不要试图改变系统。我不知道“系统”是什么意思，但现在我得到了一些提示，至少可以将其理解为：它并没有比爱因斯坦不得不跟它打交道时变得更好。由于爱因斯坦的犹太血统，他在这里一直像个局外人。这使他在思考物理学问题时成为一个反叛者。

在他职业生涯的初期，这一点表现得尤为明显。当时，他是一名无所畏惧、激进且与周遭格格不入的年轻人，没有导师或守护天使的指引，或者用当前的物理学语言来说，没有“冠军”相伴。对于专利局的一名文员来说，这确实是一个非常戏剧性的开始。他后来被称为现代化的启动者。我在一些物理学出版物数据库中搜索，找到了大约 30 篇由爱因斯坦撰写或与他人联合撰写的论文。我在同类档案中搜索了标题中包含有“爱因斯坦”的论文，结果找到了 14 116 篇。这些论文涉及众多物理学领域的知识，包含代数几何学，天体物理学，原子物理学，生物物理学，混沌动力学，化学物理学，微分几何，动力学系统，精确可解和可积系统，广义相对论，量子宇宙学，几何拓扑学，高能物理学：现象学，高能物理学：理论，物理学史，数学物理学，介观系统和量子霍尔效应，度量几何，模式的形成及解，物理学教育，等离子体物理学，量子代数，量子物理学，软凝聚态，空间物理学，统计力学和超导现象。

如果你在搜索引擎中输入爱因斯坦，会得到 450 万条相关结果。爱因斯坦对文化和社会产生了深远的影响。在他去世 50 年后，世界各地每周仍会发表成百上千篇关于他的新闻报道，涉及他生活和工作的某些方面。作为一名年轻的物理学家和研究员，我对当代物理学在很大程度上已成为爱因斯坦的代名词这一事实感到厌倦。更令我不安的是，爱因斯坦关于统一场论的“梦想”已经成为一种宣传口号，用来在图书、纪录片、采访等方面获得资金和推广物理学。然而，事实是，这句口号是有效的，即使在今天也是如此。

物理学研究者常常提及的一个问题是：爱因斯坦会如何看待粒子物理学、引力和宇宙学方面的最新实验成果和理论呢？他是最早认真思考所有这些问题的人之一，甚至早在20世纪初就开始思考了。宇宙的加速膨胀现象（宇宙常数难题）和额外空间维度的可能性都是爱因斯坦曾思考的主题。有些人认为，真正的“爱因斯坦梦想”并不是建立一个统一的“万有理论”，特别是用一个与其他物理现象相同的框架来描述引力的理论，而是一个能从经典场方程的非线性解中推导出基本粒子和量子力学的理论。在功成名就之后不久，爱因斯坦就将所有精力都投入一个他知道他无法（或不会）解决的问题上。

今天，爱因斯坦在哪儿？实际上，他的身影无所不在。在我们的研究、学习、实验和计算中；在大学物理学和文化史的课本里；在我们的俏皮话里；在半夜打电话探讨解决某个荒谬问题的荒唐想法的朋友和同事心中；在那些一遇到物理学家就想知道 $E=mc^2$ 到底意味着什么的艺术家、商人、电工和哲学家的心里；在那些知道如何变得可爱谦虚和如何扮演媒体上的角色的知识分子的心中；在那些会选边站的人心中；在每一次反对核武器的示威游行中；在所有对权威表现出些许不尊重的年轻人和所有激进且有名望的老年人当中；在那些逃离了专制压迫的家庭和心胸狭窄的教育者魔掌的人当中；在所有解决了我们无法解决的问题的学生当中；在所有不将自己当回事的天才身上；在所有将物理学问题视为存在理由的顽固又难搞的物理学家中：**在所有那些试图攻克他们知道自己不能或无法解决的问题的人当中。**

致 谢

感谢我的出版商万神殿图书公司（Pantheon Books）的马蒂·阿舍（Marty Asher）对我的鼓励。

同样也要感谢我的代理商马克斯·布罗克曼（Max Brockman），是他识别出了这本书的潜力。感谢莎拉·利平科特（Sara Lippincott）对本书细致周到的编辑。

未来，属于终身学习者

我们正在亲历前所未有的变革——互联网改变了信息传递的方式，指数级技术快速发展并颠覆商业世界，人工智能正在侵占越来越多的人类领地。

面对这些变化，我们需要问自己：未来需要什么样的人才？

答案是，成为终身学习者。终身学习意味着永不停歇地追求全面的知识结构、强大的逻辑思考能力和敏锐的感知力。这是一种能够在不断变化中随时重建、更新认知体系的能力。阅读，无疑是帮助我们提高这种能力的最佳途径。

在充满不确定性的时代，答案并不总是简单地出现在书本之中。“读万卷书”不仅要亲自阅读、广泛阅读，也需要我们深入探索好书的内部世界，让知识不再局限于书本之中。

湛庐阅读 App：与最聪明的人共同进化

我们现在推出全新的湛庐阅读App，它将成为您在书本之外，践行终身学习的场所。

- 不用考虑“读什么”。这里汇集了湛庐所有纸质书、电子书、有声书和各种阅读服务。
- 可以学习“怎么读”。我们提供包括课程、精读班和讲书在内的全方位阅读解决方案。
- 谁来领读？您能最先了解到作者、译者、专家等大咖的前沿洞见，他们是高质量思想的源泉。
- 与谁共读？您将加入优秀的读者和终身学习者的行列，他们对阅读和学习具有持久的热情和源源不断的动力。

在湛庐阅读 App 首页，编辑为您精选了经典书目和优质音视频内容，每天早、中、晚更新，满足您不间断的阅读需求。

【特别专题】【主题书单】【人物特写】等原创专栏，提供专业、深度的解读和选书参考，回应社会议题，是您了解湛庐近千位重要作者思想的独家渠道。

在每本图书的详情页，您将通过深度导读栏目【专家视点】【深度访谈】和【书评】读懂、读透一本好书。

通过这个不设限的学习平台，您在任何时间、任何地点都能获得有价值的思想，并通过阅读实现终身学习。我们邀您共建一个与最聪明的人共同进化的社区，使其成为先进思想交汇的聚集地，这正是我们的使命和价值所在。

图书在版编目（CIP）数据

我的爱因斯坦 / (美) 约翰·布罗克曼 (John Brockman) 编著 ; 高妍译. -- 杭州 : 浙江教育出版社, 2024. 7. -- ISBN 978-7-5722-8220-1

Ⅰ. N53

中国国家版本馆 CIP 数据核字第 202414N1D4 号

浙江省版权局著作权合同登记号
图字:11-2024-075号

上架指导：科普 / 名人传记

我的爱因斯坦

WO DE AIYINSITAN

［美］约翰·布罗克曼（John Brockman） 编著

高　妍　译

责任编辑： 刘姗姗

美术编辑： 韩　波

责任校对： 胡凯莉

责任印务： 陈　沁

封面设计： 张志浩

出版发行： 浙江教育出版社（杭州市环城北路 177 号）

印　　刷： 河北鹏润印刷有限公司

开　　本： 880mm ×1230mm 1/32

印　　张： 9.25　　**字　　数：** 199 千字

版　　次： 2024 年 7 月第 1 版　　**印　　次：** 2024 年 7 月第 1 次印刷

书　　号： ISBN 978-7-5722-8220-1　　**定　　价：** 109.90 元

如发现印装质量问题，影响阅读，请致电 010-56676359 联系调换。